U0175648

消防安全标准化应知应会手册

中国航天科工集团安全保障部　组织编写

气象出版社
China Meteorological Press

内容简介

本书汇集了消防法律法规、基本常识、常见消防隐患等消防安全应知应会知识。其中消防法律法规内容来源于国家最新消防法律法规和标准规范等；消防基本知识涵盖了防火、灭火和应急救援等知识；消防隐患部分收录了集团公司所属各单位典型、常见的消防安全隐患及图片。为便于员工理解和掌握各类知识点，本书将各类消防知识编成试题，并给出相应的参考答案，选择题还附有详细的答案解析。各部分内容简单明了、通俗易懂。

本书可作为集团公司所属各单位消防安全考核评级现场评审考试用书，亦可作为各单位消防安全教育培训参考用书和消防安全知识普及用书。

图书在版编目（CIP）数据

消防安全标准化应知应会手册 / 牛东农主编. — 北京：气象出版社，2020.5（2022.5 重印）
ISBN 978-7-5029-7205-9

Ⅰ.①消⋯　Ⅱ.①牛⋯　Ⅲ.①消防-安全管理-标准化管理-手册　Ⅳ.①TU998.1-62

中国版本图书馆 CIP 数据核字（2020）第 072768 号

Xiaofang Anquan Biaozhunhua Yingzhi Yinghui Shouce
消防安全标准化应知应会手册
中国航天科工集团安全保障部　组织编写

出版发行：气象出版社
地　　址：北京市海淀区中关村南大街46号　**邮政编码**：100081
电　　话：010-68407112（总编室）　010-68408042（发行部）
网　　址：http://www.qxcbs.com　　**E-mail**：qxcbs@cma.gov.cn
责任编辑：彭淑凡　　　　　　　　　**终　审**：吴晓鹏
责任校对：王丽梅　　　　　　　　　**责任技编**：赵相宁
封面设计：博雅锦
印　　刷：北京中科印刷有限公司
开　　本：850 mm×1168 mm　1/32　**印　张**：3.5
字　　数：78 千字
版　　次：2020 年 5 月第 1 版　　　**印　次**：2022 年 5 月第 6 次印刷
定　　价：25.00 元

本书如存在文字不清、漏印以及缺页、倒页、脱页等，请与本社发行部联系调换。

《消防安全标准化应知应会手册》
编写委员会

主　编：牛东农

成　员：

郭海滨	吴　凯	陈　霰	郑晗犁
李　捷	赵晓鹏	李亚忠	聂慎步
刘传钰	缪　涛	崔琦琦	尤　飞
宋　磊	候红宵	何竟恺	齐龙涛
王明明	陈丽丽	苏　坡	李节利
孔令剑	杜裕鹏	王　磊	黄雷彤
温龙嵩	易世涛	陈　磊	刘　凯
刘定良	张德立	陈　明	刘远航
陈苏平	姜书君	于　猛	吴　迪

前　　言

为深入贯彻落实党中央国务院关于做好消防安全工作的各项要求，大力宣传国家消防安全法律法规，提升全员消防安全意识，推动消防安全标准化建设深入开展，中国航天科工集团有限公司（以下简称集团公司）安全保障部组织编写了《消防安全标准化应知应会手册》（以下简称《手册》）。

《手册》汇集了消防法律法规、基本常识、常见消防隐患等消防安全应知应会知识。其中消防法律法规内容来源于国家最新消防法律法规和标准规范等；消防基本知识涵盖了防火、灭火和应急救援等知识；消防隐患部分收录了集团公司所属各单位典型、常见的消防安全隐患及图片。为便于员工理解和掌握各类知识点，《手册》将这些知识编成试题，并给出相应的参考答案，选择题还附有详细的答案解析。《手册》各部分内容简单明了、通俗易懂。

《手册》可作为集团公司所属各单位消防安全考核评级现场评审考试用书，亦可作为各单位消防安全教育培训参考用书和消防安全知识普及用书。

《手册》参考的法律法规和标准规范主要有《中华人民共和国消防法》《机关、团体、企业、事业单位消防安全管理规定》《公共娱乐场所消防安全管理规定》《火灾事故调查规定》《建筑设计防火规范》《建筑工程施工现场消防安全技术规范》等，读者可查阅相应文件，熟悉其中的重点内容，以便更全面地掌握消防安全知识。

由于编者水平有限，难免存在疏漏和不当之处，敬请广大读者提出宝贵意见，以便持续改进！

编　者

2020 年 3 月

目　　录

第一部分　消防法律法规

一、选择题

1.《中华人民共和国消防法》的立法目的，是为了预防火灾和减少火灾危害，加强应急救援工作，保护（　　）、财产安全，维护公共安全。

　　A. 生命

　　B. 财产

　　C. 人身

　　D. 公民人身

【答案】C

【解析】根据《中华人民共和国消防法》第一条，为了预防火灾和减少火灾危害，加强应急救援工作，保护人身、财产安全，维护公共安全，制定本法。

2. 根据《中华人民共和国消防法》，我国的消防工作方针是（　　）。

　　A. 安全第一，预防为主

　　B. 预防为主，防治结合

　　C. 预防为主，防消结合

　　D. 安全优先，强制管理

【答案】C

【解析】 根据《中华人民共和国消防法》第二条，消防工作贯彻预防为主、防消结合的方针，按照政府统一领导、部门依法监管、单位全面负责、公民积极参与的原则，实行消防安全责任制，建立健全社会化的消防工作网络。

3. 根据《中华人民共和国消防法》，我国的消防工作原则是（　　）。

A. 政府统一监管、部门依法领导、单位全面负责、公民积极参与

B. 政府统一领导、部门依法负责、单位全面参与、公民积极监管

C. 政府统一领导、部门依法监管、单位全面负责、公民积极参与

D. 政府统一监督、部门依法领导、单位全面参与、公民积极负责

【答案】 C

【解析】 根据《中华人民共和国消防法》第二条，消防工作贯彻预防为主、防消结合的方针，按照政府统一领导、部门依法监管、单位全面负责、公民积极参与的原则，实行消防安全责任制，建立健全社会化的消防工作网络。

4. 根据《中华人民共和国消防法》，（　　）对全国的消防工作实施监督管理。

A. 国务院应急管理部门

B. 安全生产监督管理总局

C. 公安部

D. 国有资产管理委员会

【答案】 A

【解析】 根据《中华人民共和国消防法》第四条，国务院应急管理部门对全国的消防工作实施监督管理。

5. 根据《中华人民共和国消防法》，下列关于公民在消防工作中的权利和义务描述错误的是（ ）。

A. 任何人都有维护消防安全、保护消防设施、预防火灾、报告火警的义务

B. 任何人都有参加有组织的灭火工作的义务

C. 任何人发现火灾都应当立即报警；任何单位、个人都应当无偿为报警提供便利，不得阻拦报警；严禁谎报火警

D. 任何单位和个人都有权对住房和城乡建设主管部门、消防救援机构及其工作人员在执法中的违法行为进行检举、控告

【答案】 B

【解析】 根据《中华人民共和国消防法》第五条，任何单位和个人都有维护消防安全、保护消防设施、预防火灾、报告火警的义务。任何单位和成年人都有参加有组织的灭火工作的义务。第四十四条，任何人发现火灾都应当立即报警。

6. 根据《中华人民共和国消防法》，（ ）等单位依法对建设工程的消防设计、施工质量负责。

A. 建设、设计、施工、工程监理

B. 建设行政主管部门

C. 政府消防管理机构

D. 当地人民政府

【答案】 A

【解析】 根据《中华人民共和国消防法》第九条，建设工程的消防设计、施工必须符合国家工程建设消防技术标准。建设、设计、施工、工程监理等单位依法对建设工程的消防设计、施工质量负责。

7. 根据《中华人民共和国消防法》，机关、团体、企业、事业等单位，应按照（ ）配置消防设施、器材，设置消防安全标志，并定期组织检验、维修，确保完好有效。

A. 企业标准

B. 地方标准

C. 国家标准、行业标准

D. 本单位消防制度

【答案】 C

【解析】 根据《中华人民共和国消防法》第十六条第二款，机关、团体、企业、事业等单位，应按照国家标准、行业标准配置消防设施、器材，设置消防安全标志，并定期组织检验、维修，确保完好有效。

8. 根据《中华人民共和国消防法》，机关、团体、企业、事业等单位，应当至少（ ）对本单位建筑消防设施进行一次全面检测，确保完好有效，检测记录应当完整准确，存档备查。

A. 每月

B. 每季度

C. 每半年

D. 每年

【答案】 D

【解析】 根据《中华人民共和国消防法》第十六条第三款，机关、团体、企业、事业等单位，对本单位建筑消防设施每年至少进行一次全面检测，确保完好有效，检测记录应当完整准确，存档备查。

9. 根据《中华人民共和国消防法》，举办大型群众性活动，承办人应当依法向（ ）申请安全许可。

A. 工商行政管理部门

B. 公安机关

C. 安全生产监督部门

D. 产品质量监督部门

【答案】 B

【解析】 根据《中华人民共和国消防法》第二十条，举办大型群众性活动，承办人应当依法向公安机关申请安全许可。

10. 根据《中华人民共和国消防法》，（ ）在具有火灾、爆炸危险的场所吸烟、使用明火。

A. 禁止

B. 没人管控时可以

C. 经现场人员默许后可以

D. 领导干部可以

【答案】 A

【解析】 根据《中华人民共和国消防法》第二十一条，禁止在具有火灾、爆炸危险的场所吸烟、使用明火。因施工等特殊情况需要使用明火作业的，应当按照规定事先办理审批手续，采取相应的消防安全措施；作业人员应当遵守消防安全规定。

11. 根据《中华人民共和国消防法》，关于消防产品的要求错误的是（ ）。

A. 消防产品必须符合国家标准；没有国家标准的，必须符合行业标准

B. 禁止生产、销售或者使用不合格的消防产品以及国家明令淘汰的消防产品

C. 依法实行强制性产品认证的消防产品，由具有法定资质的认证机构按照国家标准、行业标准的强制性要求认证合格后，方可生产、销售、使用

D. 新研制的尚未制定国家标准、行业标准的消防产品，可以随意生产、销售、使用

【答案】 D

【解析】 根据《中华人民共和国消防法》第二十四条，新研制的尚未制定国家标准、行业标准的消防产品，应当按照国务院产品质量监督部门会同国务院应急管理部门规定的办法，经技术鉴定符合消防安全要求的，方可生产、销售、使用。

12. 根据《中华人民共和国消防法》，人员密集场所室内装修、装饰，应当按照消防技术标准的要求，使用（ ）、难燃材料。

A. 可燃

B. 易燃

C. 不燃

D. 木制

【答案】 C

【解析】 根据《中华人民共和国消防法》第二十六条，人员密集场所室内装修、装饰，应当按照消防技术标准的要求，使用不燃、难燃材料。

13. 根据《中华人民共和国消防法》，（　　）不得损坏、挪用或者擅自拆除、停用消防设施、器材。

A. 外单位人员

B. 未成年人

C. 任何单位、个人

D. 普通员工

【答案】 C

【解析】 根据《中华人民共和国消防法》第二十八条，任何单位、个人不得损坏、挪用或者擅自拆除、停用消防设施、器材，不得埋压、圈占、遮挡消火栓或者占用防火间距，不得占用、堵塞、封闭疏散通道、安全出口、消防车通道。

14. 根据《中华人民共和国消防法》，关于灭火救援的说法错误的是（　　）。

A. 任何人发现火灾都应当立即报警，严禁谎报火警

B. 人员密集场所发生火灾，该场所的现场工作人员应当立即组织、引导在场人员疏散

C. 任何单位发生火灾，必须立即组织力量扑救

D. 消防救援机构统一组织和指挥火灾现场扑救，应当优先保障财产安全

【答案】 D

【解析】 根据《中华人民共和国消防法》第四十五条，消防救援机构统一组织和指挥火灾现场扑救，应当优先保障遇险人员的生命安全。

15. 根据《中华人民共和国消防法》，火灾现场总指挥根据扑救火灾的需要，有权决定下列事项 （   ）。

A. 使用各种水源

B. 划定警戒区，实行局部交通管制

C. 为了抢救人员和重要物资，防止火势蔓延，拆除或者破损毗邻火灾现场的建筑物、构筑物或者设施等

D. 以上选项都正确

【答案】 D

【解析】 根据《中华人民共和国消防法》第四十五条，火灾现场总指挥根据扑救火灾的需要，有权决定下列事项：①使用各种水源；②截断电力、可燃气体和可燃液体的输送，限制用火用电；③划定警戒区，实行局部交通管制；④利用邻近建筑物和有关设施；⑤为了抢救人员和重要物资，防止火势蔓延，拆除或者破损毗邻火灾现场的建筑物、构筑物或者设施等；⑥调动供水、供电、供气、通信、医疗救护、交通运输、环境保护等有关单位协助灭火救援。

16. 根据《中华人民共和国消防法》，消防车、消防艇前往执行火灾扑救或者应急救援任务，在确保安全的前提下，不受行驶速度、行驶路线、行驶方向和指挥信号的限制，其他车辆、船舶以及行人（　　）。

    A. 应当让行，不得穿插超越

    B. 正常行驶，无需让行

    C. 可以让行，可以穿插超越

    D. 应当让行，可以穿插超越

【答案】A

【解析】 根据《中华人民共和国消防法》第四十七条，消防车、消防艇前往执行火灾扑救或者应急救援任务，在确保安全的前提下，不受行驶速度、行驶路线、行驶方向和指挥信号的限制，其他车辆、船舶以及行人应当让行，不得穿插超越；收费公路、桥梁免收车辆通行费。交通管理指挥人员应当保证消防车、消防艇迅速通行。

17. 根据《中华人民共和国消防法》，消防车、消防艇以及消防器材、装备和设施，（　　）用于与消防和应急救援工作无关的事项。

    A. 可以

    B. 不得

    C. 根据领导要求

    D. 视具体情况

【答案】B

【解析】 根据《中华人民共和国消防法》第四十八条，消防车、消防艇以及消防器材、装备和设施，不得用于与消防和应急救援工作无关的事项。

18. 根据《中华人民共和国消防法》，国家综合性消防救援队、专职消防队扑救火灾、应急救援，（ ）收取任何费用。

A. 可以

B. 不得

C. 经双方友好协商

D. 视被救援单位经济效益情况

【答案】 B

【解析】 根据《中华人民共和国消防法》第四十九条，国家综合性消防救援队、专职消防队扑救火灾、应急救援，不得收取任何费用。

19. 根据《中华人民共和国消防法》，火灾扑灭后，发生火灾的单位和相关人员应当（ ）。

A. 立刻清理现场

B. 立刻恢复生产

C. 按照消防救援机构的要求保护现场，接受事故调查，如实提供与火灾有关的情况

D. 立刻确定火灾责任人

【答案】 C

【解析】 根据《中华人民共和国消防法》第五十一条，消防救援机构有权根据需要封闭火灾现场，负责调查火灾原因，统计

火灾损失。火灾扑灭后，发生火灾的单位和相关人员应当按照消防救援机构的要求保护现场，接受事故调查，如实提供与火灾有关的情况。

20. 根据《中华人民共和国消防法》，消防救援机构应当对机关、团体、企业、事业等单位（　　）的情况依法进行监督检查。

A. 安全生产

B. 反腐倡廉

C. 遵守消防法律、法规

D. 党建工作

【答案】C

【解析】根据《中华人民共和国消防法》第五十三条，消防救援机构应当对机关、团体、企业、事业等单位遵守消防法律、法规的情况依法进行监督检查。

21. 根据《中华人民共和国消防法》，消防救援机构在消防监督检查中发现火灾隐患的，应当通知有关单位或者个人立即（　　）。

A. 查封现场

B. 处理责任人

C. 参加消防培训

D. 采取措施消除隐患

【答案】D

【解析】根据《中华人民共和国消防法》第五十四条，消防救援机构在消防监督检查中发现火灾隐患的，应当通知有关单位或者个人立即采取措施消除隐患；不及时消除隐患可能严重威胁公共安全的，消防救援机构应当依照规定对危险部位或者场所采取临时查封措施。

22. 根据《中华人民共和国消防法》，下列有关消防设计审查、消防验收、备案抽查和消防安全检查的说法，正确的是（   ）。

    A. 住房和城乡建设主管部门、消防救援机构及其工作人员可以根据实际情况自行决定是否进行消防设计审查、消防验收、备案抽查和消防安全检查

    B. 住房和城乡建设主管部门、消防救援机构及其工作人员进行消防设计审查、消防验收、备案抽查和消防安全检查等，可以根据实际情况收取一定的费用

    C. 住房和城乡建设主管部门、消防救援机构及其工作人员可以为用户、建设单位指定或者变相指定消防产品的品牌、销售单位或者消防技术服务机构、消防设施施工单位

    D. 住房和城乡建设主管部门、消防救援机构及其工作人员应当按照法定的职权和程序进行消防设计审查、消防验收、备案抽查和消防安全检查

【答案】 D

【解析】 根据《中华人民共和国消防法》第五十六条，住房和城乡建设主管部门、消防救援机构及其工作人员应当按照法定的职权和程序进行消防设计审查、消防验收、备案抽查和消防安全检查，做到公正、严格、文明、高效。

23. 根据《机关、团体、企业、事业单位消防安全管理规定》（公安部令第 61 号），法人单位的法定代表人或者非法人单位的（   ）

是单位的消防安全责任人,对本单位的消防安全工作全面负责。

A. 安全生产管理人员

B. 分管生产的领导

C. 主要负责人

D. 工会主席

【答案】C

【解析】根据《机关、团体、企业、事业单位消防安全管理规定》(公安部令第 61 号)第四条,法人单位的法定代表人或者非法人单位的主要负责人是单位的消防安全责任人,对本单位的消防安全工作全面负责。

24. 根据《机关、团体、企业、事业单位消防安全管理规定》(公安部令第 61 号),建筑工程施工现场的消防安全由(　　)负责。

A. 建设单位

B. 施工单位

C. 设计单位

D. 监理单位

【答案】B

【解析】根据《机关、团体、企业、事业单位消防安全管理规定》(公安部令第 61 号)第十二条,建筑工程施工现场的消防安全由施工单位负责。

25. 根据《机关、团体、企业、事业单位消防安全管理规定》(公安部令第 61 号),单位应当将(　　)确定为消防安全重点部位。

A. 容易发生火灾

B. 一旦发生火灾可能严重危及人身和财产安全

C. 对消防安全有重大影响的部位

D. 以上选项都对

【答案】 D

【解析】 根据《机关、团体、企业、事业单位消防安全管理规定》（公安部令第 61 号）第十九条，单位应当将容易发生火灾、一旦发生火灾可能严重危及人身和财产安全以及对消防安全有重大影响的部位确定为消防安全重点部位，设置明显的防火标志，实行严格管理。

26. 根据《机关、团体、企业、事业单位消防安全管理规定》（公安部令第 61 号），单位应当遵守国家有关规定，对（　　）的生产、使用、储存、销售、运输或者销毁实行严格的消防安全管理。

A. 可燃物品

B. 难燃物品

C. 易燃易爆危险物品

D. 不燃物品

【答案】 C

【解析】 根据《机关、团体、企业、事业单位消防安全管理规定》（公安部令第 61 号）第二十二条，单位应当遵守国家有关规定，对易燃易爆危险物品的生产、使用、储存、销售、运输或者销毁实行严格的消防安全管理。

27. 根据《机关、团体、企业、事业单位消防安全管理规定》（公安部令第 61 号），单位发生火灾时，应当立即（　　）。

A. 追究相关人员责任

B. 实施灭火和应急疏散预案

C. 确定火灾损失

D. 消除舆论影响

【答案】B

【解析】根据《机关、团体、企业、事业单位消防安全管理规定》（公安部令第 61 号）第二十四条，单位发生火灾时，应当立即实施灭火和应急疏散预案，务必做到及时报警，迅速扑救火灾，及时疏散人员。

28. 根据《机关、团体、企业、事业单位消防安全管理规定》（公安部令第 61 号），机关、团体、事业单位应当至少（　　）进行一次防火检查，其他单位应当至少（　　）进行一次防火检查。

A. 每半年、每季度

B. 每季度、每月

C. 每月、每季度

D. 每季度、每半年

【答案】B

【解析】根据《机关、团体、企业、事业单位消防安全管理规定》（公安部令第 61 号）第二十六条，机关、团体、事业单位应当至少每季度进行一次防火检查，其他单位应当至少每月进行一次防火检查。

29. 根据《机关、团体、企业、事业单位消防安全管理规定》（公安部令第 61 号），有关消防设施、灭火器材维修保养检测的说法，错误的是（　　）。

A. 单位应当按照建筑消防设施检查维修保养有关规定的要求，对建筑消防设施的完好有效情况进行检查和维修保养

B. 设有自动消防设施的单位，应当按照有关规定定期对其自动消防设施进行全面检查测试，并出具检测报告，存档备查

C. 单位应当按照有关规定定期对灭火器进行维护保养和维修检查

D. 单位可以通过加强防火巡查替代消防设施维保检测

【答案】D

【解析】根据《机关、团体、企业、事业单位消防安全管理规定》（公安部令第 61 号）第二十七条，单位应当按照建筑消防设施检查维修保养有关规定的要求，对建筑消防设施的完好有效情况进行检查和维修保养。第二十八条，设有自动消防设施的单位，应当按照有关规定定期对其自动消防设施进行全面检查测试，并出具检测报告，存档备查。

30. 根据《机关、团体、企业、事业单位消防安全管理规定》（公安部令第 61 号），下列内容中不属于应急预案编制内容的是（　　）。

A. 应急组织机构

B. 报警与接警处置程序

C. 应急疏散的组织程序和措施

D. 员工的消防培训计划

【答案】D

【解析】根据《机关、团体、企业、事业单位消防安全管理规

定》（公安部令第 61 号）第三十九条，消防安全重点单位制定的灭火和应急疏散预案，应当包括下列内容：①组织机构，包括灭火行动组、通讯联络组、疏散引导组、安全防护救护组；②报警和接警处置程序；③应急疏散的组织程序和措施；④扑救初起火灾的程序和措施；⑤通讯联络、安全防护救护的程序和措施。

31. 根据《机关、团体、企业、事业单位消防安全管理规定》（公安部令第 61 号），消防安全重点单位应当按照灭火和应急疏散预案，至少（　　）进行一次演练，其他单位应当结合本单位实际，参照制定相应的应急方案，至少（　　）组织一次演练。

A. 每年、每两年

B. 每半年、每年

C. 每季度、每半年

D. 每月、每季度

【答案】 B

【解析】 根据《机关、团体、企业、事业单位消防安全管理规定》（公安部令第 61 号）第四十条，消防安全重点单位应当按照灭火和应急疏散预案，至少每半年进行一次演练，并结合实际，不断完善预案。其他单位应当结合本单位实际，参照制定相应的应急方案，至少每年组织一次演练。

32. 根据《中华人民共和国刑法》，（　　）是指由于行为人的过失引起火灾，造成严重后果，危害公共安全的行为。

A. 失火罪

B. 消防责任事故罪

C. 重大责任事故罪

D. 重大劳动安全事故罪

【答案】 A

【解析】 根据《中华人民共和国刑法》及其司法解释和司法实践，失火罪是由于行为人的过失而引起火灾，造成严重后果，危害公共安全的行为。

33. 根据《中华人民共和国刑法》，（ ）是指违反消防管理法规，经消防监督机构通知采取改正措施而拒绝执行，造成严重后果，危害公共安全的行为。

A. 失火罪

B. 消防责任事故罪

C. 重大责任事故罪

D. 重大劳动安全事故罪

【答案】 B

【解析】 根据《中华人民共和国刑法》第一百三十九条第一款〔消防责任事故罪〕，违反消防管理法规，经消防监督机构通知采取改正措施而拒绝执行，造成严重后果的，对直接责任人，处三年以下有期徒刑或者拘役；后果特别严重的，处三年以上七年以下有期徒刑。

34. 《中华人民共和国刑法》规定："消防责任事故罪是指违反消防管理法规，经消防监督机构通知采取改正措施而拒绝执行，造成严重后果，危害公共安全的行为。"下列违反消防管理法规，经消防监督机构通知采取改正措施而拒绝执行导致严重后果中符合立案标准的是（　）。

A. 1 人死亡

B. 2 人重伤

C. 导致公共财产或者他人财产直接经济损失 35 万元

D. 导致公共财产或者他人财产直接经济损失 45 万元

【答案】A

【解析】《最高人民法院、最高人民检察院关于办理危害生产安全刑事案件适用法律若干问题的解释》第六条规定，违反消防管理法规，经消防监督机构通知采取改正措施而拒绝执行，涉嫌下列情形之一的，应予以立案追诉：

（1）造成死亡一人以上，或重伤三人以上的；

（2）造成直接经济损失一百万元以上的；

（3）其他造成严重后果或重大安全事故的情形。

35. 下列关于公共娱乐场所消防安全管理规定的说法中不正确的是（　）。

A. 公共娱乐场所应当依法办理消防设计审核、竣工验收和消防安全检查，其消防安全由经营者负责

B. 公共娱乐场所内可以带入和存放易燃易爆物品

C. 严禁在公共娱乐场所营业时进行设备检修、电气焊、油漆粉刷等施工、维修作业

D. 演出、放映场所的观众厅内禁止吸烟和明火照明

【答案】B

【解析】《公共娱乐场所消防安全管理规定》第十四条规定，公共娱乐场所内严禁带入和存放易燃易爆物品。

36. 公共娱乐场所营业时（　　）进行设备检修、电气焊、油漆粉刷等施工、维修作业。

A. 可以

B. 经审批可以

C. 视情况而定

D. 严禁

【答案】 D

【解析】《公共娱乐场所消防安全管理规定》第十五条规定，严禁在公共娱乐场所营业时进行设备检修、电气焊、油漆粉刷等施工、维修作业。

37. 根据《火灾事故调查规定》（公安部令第 108 号），火灾事故调查的任务是（　　）。

A. 调查火灾原因，统计火灾损失

B. 依法对火灾事故作出处理

C. 总结火灾教训

D. 以上选项都对

【答案】 D

【解析】 根据《火灾事故调查规定》（公安部令第 108 号）第三条，火灾事故调查的任务是调查火灾原因，统计火灾损失，依法对火灾事故作出处理，总结火灾教训。

38. 依据《建筑设计防火规范》，甲、乙类生产场所（仓库）（　　）

设置在地下或半地下。

A. 可以

B. 应该

C. 不应

D. 必须

【答案】C

【解析】依据《建筑设计防火规范》（2018 年版）（GB 50016—2014）规定，甲、乙类生产场所（仓库）不应设置在地下或半地下。

39.《建筑设计防火规范》规定消防车道净宽度不应小于（　）米。

A. 3

B. 4

C. 5

D. 6

【答案】B

【解析】依据《建筑设计防火规范》（2018 年版）规定，消防车道应符合下列要求：

（1）车道的净宽度和净空高度均不应小于 4.0 m；

（2）转弯半径应满足消防车转弯的要求；

（3）消防车道与建筑之间不应设置妨碍消防车操作的树木、架空管线等障碍物；

（4）消防车道靠建筑外墙一侧的边缘距离建筑外墙不宜小于 5 m；

（5）消防车道的坡度不宜大于 8%。

40. 根据《建筑设计防火规范》，物质的火灾危险性分（   ）。

A. 甲、乙 2 类

B. 甲、乙、丙 3 类

C. 甲、乙、丙、丁 4 类

D. 甲、乙、丙、丁、戊 5 类

【答案】D

【解析】依据《建筑设计防火规范》（2018 年版），物质的生产、使用、存储的火灾危险性分为甲、乙、丙、丁、戊五类。

41. 同一座厂房或厂房的任一防火分区内有不同火灾危险性生产时，厂房或防火分区内的生产火灾危险性类别应该按火灾危险性（   ）的部分确定。

A. 较小

B. 较大

C. 较低

D. 较高

【答案】B

【解析】依据《建筑设计防火规范》（2018 年版），同一座厂房或厂房的任一防火分区内有不同火灾危险性生产时，厂房或防火分区内的生产火灾危险性类别应该按火灾危险性较大的部分确定。

42. 依据《建筑设计防火规范》，建筑高度大于（   ）的住宅建筑应设置消防电梯。

A. 24 m

B. 27 m

C. 32 m

D. 33 m

【答案】 D

【解析】 依据《建筑设计防火规范》（2018年版），建筑高度大于33 m的住宅建筑应设置消防电梯。

43. 对于厂房内设置员工宿舍的要求是（ ）。

A. 厂房内可以设置员工宿舍

B. 厂房内严禁设置员工宿舍

C. 可根据厂房火灾危险等级确定

D. 可根据员工人数确定

【答案】 B

【解析】 依据《建筑设计防火规范》（2018年版），员工宿舍严禁设置在厂房内。

44. 灭火器的功能性检查期限应符合《督促单位落实灭火器配置和定期检查维护职责确保有效扑救初起火灾的通知》要求，以（ ）为周期。

A. 六个月

B. 九个月

C. 十二个月

D. 一个月

【答案】 C

【解析】《督促单位落实灭火器配置和定期检查维护职责确保有效扑救初起火灾的通知》（公消〔2000〕423号）规定，单位应当至少每十二个月组织或委托维修单位对所有灭火器进行一次功能性检查。

45. 干粉灭火器自出厂日期算起，达到（　　）的应报废。

　　A. 6年

　　B. 8年

　　C. 10年

　　D. 12年

【答案】C

【解析】根据《灭火器维修》（GA 95—2015）规定，干粉灭火器自出厂日期算起10年报废。

46. 二氧化碳灭火器和贮气瓶自出厂日期算起，达到（　　）的应报废。

　　A. 6年

　　B. 8年

　　C. 10年

　　D. 12年

【答案】D

【解析】根据《灭火器维修》（GA 95—2015）规定，二氧化碳灭火器和贮气瓶自出厂日期算起12年报废。

47. 根据《消防给水及消火栓系统技术规范》（GB 50974—2014）规定，（　　）应对消防水池、高位消防水池、高位消防水箱等消防水源设施的水位等进行一次检测。

A. 每季度

B. 每年

C. 每月

D. 每半年

【答案】 C

【解析】 水源的维护管理应符合下列规定：①每季度应监测市政给水管网的压力和供水能力；②每年应对天然河湖等地表水消防水源的常水位、枯水位、洪水位，以及枯水位流量或蓄水量等进行一次检测；③每年应对水井等地下水消防水源的常水位、最低水位、最高水位和出水量等进行一次测定；④每月应对消防水池、高位消防水池、高位消防水箱等消防水源设施的水位等进行一次检测；⑤消防水池（箱）玻璃水位计两端的角阀在不进行水位观察时应关闭。

48. 某火灾事故共造成 2 人死亡，11 人重伤，根据《生产安全事故报告和调查处理条例》（国务院令第 493 号），该火灾属于（   ）。

A. 一般火灾

B. 较大火灾

C. 重大火灾

D. 特别重大火灾

【答案】 B

【解析】 依据国务院 2007 年 4 月 9 日颁布的《生产安全事故报

告和调查处理条例》规定的生产安全事故等级标准，消防机构将火灾相应地分为特别重大火灾、重大火灾、较大火灾和一般火灾四个等级。

（1）特别重大火灾：是指造成 30 人以上死亡，或者 100 人以上重伤，或者 1 亿元以上直接财产损失的火灾。

（2）重大火灾：是指造成 10 人以上 30 人以下死亡，或者 50 人以上 100 人以下重伤，或者 5000 万元以上 1 亿元以下直接财产损失的火灾。

（3）较大火灾：是指造成 3 人以上 10 人以下死亡，或者 10 人以上 50 人以下重伤，或者 1000 万元以上 5000 万元以下直接财产损失的火灾。

（4）一般火灾：是指造成 3 人以下死亡，或者 10 人以下重伤，或者 1000 万元以下直接财产损失的火灾。

上面所称的"以上"包括本数，"以下"不包括本数。

49. 根据现行国家标准《建筑工程施工现场消防安全技术规范》（GB 50720—2011），氧气瓶与乙炔气瓶的工作间距、气瓶与明火作业点的最小距离分别不应小于（　　）。

A. 5 m，8 m

B. 4 m，9 m

C. 4 m，10 m

D. 5 m，10 m

【答案】D

【解析】根据《建筑工程施工现场消防安全技术规范》（GB

50720—2011），氧气瓶与乙炔气瓶的工作间距不应小于 5 m，气瓶与明火作业点的距离不应小于 10 m。

50.《建筑工程施工现场消防安全技术规范》适用于（　）等各类建设工程施工现场的防火。

A. 新建

B. 改建

C. 扩建

D. 以上选项都对

【答案】 D

【解析】 根据《建筑工程施工现场消防安全技术规范》 （GB 50720—2011） 总则，规范适用于新建、改建和扩建等各类建设工程施工现场的防火。

二、判断题

1. 我国的消防工作方针是预防为主、防消结合。

【答案】 √

2. 进行电焊、气焊等具有火灾危险作业的人员和自动消防系统的操作人员，不必持证上岗，但要遵守消防安全操作规程。

【答案】 ×

3. 国务院领导全国的消防工作。地方各级人民政府负责本行政区域内的消防工作。

【答案】 √

4. 军事设施的消防工作，由其主管单位监督管理，消防救援机构协助。

【答案】 √

5. 任何单位和个人都有维护消防安全、保护消防设施、预防火灾、报告火警的义务。

【答案】 √

6. 依法应当进行消防验收的建设工程，未经消防验收或者消防验收不合格，擅自投入使用的，由住房和城乡建设主管部门、消防救援机构按照各自职权责令停止施工、停止使用或者停产停业，并处三万元以上三十万元以下罚款。

【答案】 √

7. 人员密集场所室内装修、装饰，应当按照消防技术标准的要求，使用不燃、难燃材料。

【答案】 √

8. 特殊建设工程未经消防设计审查或者审查不合格的，建设单位、施工单位可以施工。

【答案】 ×

9. 建设工程消防设计审查、消防验收、备案和抽查的具体办法，由应急管理部门规定。

【答案】 ×

10. 同一建筑物由两个以上单位管理或者使用的，应当明确各方的消防安全责任，并确定对共用的疏散通道、安全出口、建筑消防设施和消防车通道进行统一管理。

【答案】 √

11. 生产、储存、运输、销售、使用、销毁易燃易爆危险品，必须执行消防技术标准和管理规定。

【答案】　√

12. 禁止生产、销售或者使用不合格的消防产品以及国家明令淘汰的消防产品。

【答案】　√

13. 单位的消防安全责任人职责不包括为本单位的消防安全提供必要的经费和组织保障。

【答案】　×

14. 占用、堵塞、封闭疏散通道、安全出口或者有其他妨碍安全疏散行为的，可以处五千元以上五万元以下罚款。

【答案】　√

15. 生产、储存、经营易燃易爆危险品的场所与居住场所设置在同一建筑物内，可以责令停产停业，并处五千元以上五万元以下罚款。

【答案】　√

16. 指使或者强令他人违反消防安全规定，冒险作业，尚不构成犯罪的，处十日以上十五日以下拘留。

【答案】　√

17. 公共娱乐场所在营业期间可以动火施工。

【答案】　×

18. 法人单位的法定代表人或者非法人单位的主要负责人是单位的消防安全责任人，对本单位的消防安全工作全面负责。

【答案】√

19. 单位应当落实逐级消防安全责任制和岗位消防安全责任制，明确逐级和岗位消防安全职责，但可不确定各级、各岗位的消防安全责任人。

【答案】×

20. 消防安全管理人应当定期向消防安全责任人报告消防安全情况，及时报告涉及消防安全的重大问题。

【答案】√

21. 机关、团体、企业、事业等单位应当落实消防安全主体责任，设有消防控制室的，实行 24 小时值班制度，每班不少于 1 人，并持证上岗。

【答案】×

22. 消防安全重点单位应根据需要建立微型消防站，积极参与消防安全区域联防联控，提高自防自救能力。

【答案】√

23. 未确定消防安全管理人的单位，消防安全管理工作由单位消防安全责任人负责实施。

【答案】√

24. 对于有两个以上产权单位和使用单位的建筑物，各产权单位、使用单位对消防车通道、涉及公共消防安全的疏散设施和其他建筑消防设施应当明确管理责任，但不可以委托统一管理。

【答案】×

25. 单位应当组织新上岗和进入新岗位的员工进行上岗前的消防安

全培训。

【答案】 √

26. 建筑工程施工现场的消防安全由建设单位负责。

【答案】 ×

27. 对建筑物进行局部改建、扩建和装修的工程，建设单位应当与施工单位在订立的合同中明确各方对施工现场的消防安全责任。

【答案】 √

28. 消防安全重点单位应当设置或者确定消防工作的归口管理职能部门，并确定专职或者兼职的消防管理人员。

【答案】 √

29. 对容易造成群死群伤火灾的人员密集场所、易燃易爆单位和高层、地下公共建筑等火灾高危单位，应建立消防安全评估制度，由具有资质的机构定期开展评估，评估结果向社会公开。

【答案】 √

30. 单位应当将容易发生火灾、一旦发生火灾可能严重危及人身和财产安全以及对消防安全有重大影响的部位确定为消防安全重点部位，设置明显的防火标志，实行严格管理。

【答案】 √

31. 消防安全重点单位应当进行每月防火巡查，并确定巡查的人员、内容、部位和频次。

【答案】 √

32. 机关、团体、事业单位应当至少每季度进行一次防火检查。

【答案】 √

33. 根据《消防监督检查规定》，对违章关闭消防设施的，应当责令限期改正。

【答案】√

34. 消防控制室内可以穿越压缩空气管道。

【答案】×

35. 中国航天科工集团有限公司消防安全标准化考核三年为一个考评周期。

【答案】√

36. 单位应按不低于在岗人员的30％的比例配备志愿消防员。

【答案】√

37. 中国航天科工集团有限公司要求按月在集团通用数据平台填报"消防户籍化"管理信息。

【答案】×

38. 消防安全重点单位对每名员工应当至少每年进行一次消防安全培训。

【答案】√

三、简答题

1. 请分别简述消防工作的方针和原则。

【答案】消防工作的方针：预防为主、防消结合。

消防工作的原则：政府统一领导、部门依法监管、单位全面负责、公民积极参与。

2. 请简述消防安全宣传教育和培训的主要内容。

【答案】 消防安全宣传教育和培训的主要内容有：①有关消防法规、消防安全制度和保障消防安全的操作规程；②本单位、本岗位的火灾危险性和防火措施；③有关消防设施的性能、灭火器材的使用方法；④报火警、扑救初起火灾以及自救逃生的知识和技能。

3. 请简述发生重、特大火灾后要追究哪几种责任。

【答案】 可追究四种责任：①直接责任；②间接责任；③直接领导责任；④领导责任。

4. 请简述消防安全四个能力的内容。

【答案】 检查消防火灾隐患能力，组织扑救初期火灾能力，组织人员疏散逃生能力，消防宣传教育能力。

5. 根据《中华人民共和国消防法》的规定，任何单位、个人应尽哪几种义务？

【答案】 任何单位、个人应尽的义务有：维护消防安全、保护消防设施、预防火灾、报告火警。

6. 请简述单位消防安全责任人应当履行的消防安全职责。

【答案】 《机关、团体、企业、事业单位消防安全管理规定》第六条规定，单位的消防安全责任人应当履行下列消防安全职责：

（1）贯彻执行消防法规，保障单位消防安全符合规定，掌握本单位的消防安全情况；

（2）将消防工作与本单位的生产、科研、经营、管理等活动统筹安排，批准实施年度消防工作计划；

（3）为本单位的消防安全提供必要的经费和组织保障；

（4）确定逐级消防安全责任，批准实施消防安全制度和保障消防安全的操作规程；

（5）组织防火检查，督促落实火灾隐患整改，及时处理涉及消防安全的重大问题；

（6）根据消防法规的规定建立专职消防队、义务消防队；

（7）组织制定符合本单位实际的灭火和应急疏散预案，并实施演练。

7. 消防行政处罚的种类包括哪几种？

【答案】 消防行政处罚包括：①警告、罚款；②没收非法财物和违法所得；③责令停产停业、停止施工与使用；④行政拘留。

8. 消防安全重点单位履行机关、团体、企业、事业单位通用的消防安全职责外，还应履行的消防安全职责包括哪些？

【答案】 还应履行如下消防安全职责：

（1）确定消防安全管理人，组织实施本单位的消防安全管理工作；

（2）建立消防档案，确定消防安全重点部位，设置防火标志，实行严格管理；

（3）实行每日防火巡查，并建立巡查记录；

（4）对职工进行岗前消防安全培训，定期组织消防安全培训和消防演练。

9. 请写出至少五条消防安全规章制度。

【答案】 消防安全规章制度主要有：

（1）消防安全教育、培训制度；

（2）易燃易爆危险物品管理和储存制度；

（3）火灾隐患整改制度；

（4）防火巡查、检查制度；

（5）微型消防站和志愿消防队组织管理制度；

（6）灭火和应急疏散演练预案；

（7）消防安全工作考评和奖惩制度。

10. 根据《生产安全事故报告和调查处理条例》，请简述火灾等级的分类。

【答案】火灾等级分为特别重大火灾、重大火灾、较大火灾、一般火灾四个等级。

附：中华人民共和国消防法

第一章　总　则

第一条　为了预防火灾和减少火灾危害，加强应急救援工作，保护人身、财产安全，维护公共安全，制定本法。

第二条　消防工作贯彻预防为主、防消结合的方针，按照政府统一领导、部门依法监管、单位全面负责、公民积极参与的原则，实行消防安全责任制，建立健全社会化的消防工作网络。

第三条　国务院领导全国的消防工作。地方各级人民政府负责本行政区域内的消防工作。

各级人民政府应当将消防工作纳入国民经济和社会发展计划，保障消防工作与经济社会发展相适应。

第四条　国务院应急管理部门对全国的消防工作实施监督管理。县级以上地方人民政府应急管理部门对本行政区域内的消防工作实施监督管理，并由本级人民政府消防救援机构负责实施。军事设施的消防工作，由其主管单位监督管理，消防救援机构协助；矿井地下部分、核电厂、海上石油天然气设施的消防工作，由其主管单位监督管理。县级以上人民政府其他有关部门在各自的职责范围内，依照本法和其他相关法律、法规的规定做好消防工作。法律、行政法规对森林、草原的消防工作另有规定的，从其规定。

　　第五条 任何单位和个人都有维护消防安全、保护消防设施、预防火灾、报告火警的义务。任何单位和成年人都有参加有组织的灭火工作的义务。

　　第六条 各级人民政府应当组织开展经常性的消防宣传教育，提高公民的消防安全意识。

　　机关、团体、企业、事业等单位，应当加强对本单位人员的消防宣传教育。

　　应急管理部门及消防救援机构应当加强消防法律、法规的宣传，并督促、指导、协助有关单位做好消防宣传教育工作。

　　教育、人力资源行政主管部门和学校、有关职业培训机构应当将消防知识纳入教育、教学、培训的内容。

　　新闻、广播、电视等有关单位，应当有针对性地面向社会进行消防宣传教育。

　　工会、共产主义青年团、妇女联合会等团体应当结合各自工作对象的特点，组织开展消防宣传教育。

　　村民委员会、居民委员会应当协助人民政府以及公安机关、应急管理等部门，加强消防宣传教育。

　　第七条 国家鼓励、支持消防科学研究和技术创新，推广使用先进的消防和应急救援技术、设备；鼓励、支持社会力量开展消防公益活动。

　　对在消防工作中有突出贡献的单位和个人，应当按照国家有关规定给予表彰和奖励。

第二章　火灾预防

第八条　地方各级人民政府应当将包括消防安全布局、消防站、消防供水、消防通信、消防车通道、消防装备等内容的消防规划纳入城乡规划，并负责组织实施。

城乡消防安全布局不符合消防安全要求的，应当调整、完善；公共消防设施、消防装备不足或者不适应实际需要的，应当增建、改建、配置或者进行技术改造。

第九条　建设工程的消防设计、施工必须符合国家工程建设消防技术标准。建设、设计、施工、工程监理等单位依法对建设工程的消防设计、施工质量负责。

第十条　对按照国家工程建设消防技术标准需要进行消防设计的建设工程，实行建设工程消防设计审查验收制度。

第十一条　国务院住房和城乡建设主管部门规定的特殊建设工程，建设单位应当将消防设计文件报送住房和城乡建设主管部门审查，住房和城乡建设主管部门依法对审查的结果负责。

前款规定以外的其他建设工程，建设单位申请领取施工许可证或者申请批准开工报告时应当提供满足施工需要的消防设计图纸及技术资料。

第十二条　特殊建设工程未经消防设计审查或者审查不合格的，建设单位、施工单位不得施工；其他建设工程，建设单位未提供满足施工需要的消防设计图纸及技术资料的，有关部门不得发放施工许可证或者批准开工报告。

第十三条　国务院住房和城乡建设主管部门规定应当申请消防验收的建设工程竣工，建设单位应当向住房和城乡建设主管部门申请消防验收。

前款规定以外的其他建设工程，建设单位在验收后应当报住房和城乡建设主管部门备案，住房和城乡建设主管部门应当进行抽查。

依法应当进行消防验收的建设工程，未经消防验收或者消防验收不合格的，禁止投入使用；其他建设工程经依法抽查不合格的，应当停止使用。

第十四条　建设工程消防设计审查、消防验收、备案和抽查的具体办法，由国务院住房和城乡建设主管部门规定。

第十五条　公众聚集场所在投入使用、营业前，建设单位或者使用单位应当向场所所在地的县级以上地方人民政府消防救援机构申请消防安全检查。

消防救援机构应当自受理申请之日起十个工作日内，根据消防技术标准和管理规定，对该场所进行消防安全检查。未经消防安全检查或者经检查不符合消防安全要求的，不得投入使用、营业。

第十六条　机关、团体、企业、事业等单位应当履行下列消防安全职责：

（一）落实消防安全责任制，制定本单位的消防安全制度、消防安全操作规程，制定灭火和应急疏散预案；

（二）按照国家标准、行业标准配置消防设施、器材，设置消防安全标志，并定期组织检验、维修，确保完好有效；

（三）对建筑消防设施每年至少进行一次全面检测，确保完好有效，检测记录应当完整准确，存档备查；

（四）保障疏散通道、安全出口、消防车通道畅通，保证防火防烟分区、防火间距符合消防技术标准；

（五）组织防火检查，及时消除火灾隐患；

（六）组织进行有针对性的消防演练；

（七）法律、法规规定的其他消防安全职责。

单位的主要负责人是本单位的消防安全责任人。

第十七条　县级以上地方人民政府消防救援机构应当将发生火灾可能性较大以及发生火灾可能造成重大的人身伤亡或者财产损失的单位，确定为本行政区域内的消防安全重点单位，并由应急管理部门报本级人民政府备案。

消防安全重点单位除应当履行本法第十六条规定的职责外，还应当履行下列消防安全职责：

（一）确定消防安全管理人，组织实施本单位的消防安全管理工作；

（二）建立消防档案，确定消防安全重点部位，设置防火标志，实行严格管理；

（三）实行每日防火巡查，并建立巡查记录；

（四）对职工进行岗前消防安全培训，定期组织消防安全培训和消防演练。

第十八条　同一建筑物由两个以上单位管理或者使用的，应当明确各方的消防安全责任，并确定责任人对共用的疏散通道、安全出口、建筑消防设施和消防车通道进行统一管理。

住宅区的物业服务企业应当对管理区域内的共用消防设施进行维护管理，提供消防安全防范服务。

第十九条　生产、储存、经营易燃易爆危险品的场所不得与居住场所设置在同一建筑物内，并应当与居住场所保持安全距离。

生产、储存、经营其他物品的场所与居住场所设置在同一建筑物内的，应当符合国家工程建设消防技术标准。

第二十条　举办大型群众性活动，承办人应当依法向公安机关申请安全许可，制定灭火和应急疏散预案并组织演练，明确消防安全责任分工，确定消防安全管理人员，保持消防设施和消防器材配置齐全、完好有效，保证疏散通道、安全出口、疏散指示标志、应急照明和消防车通道符合消防技术标准和管理规定。

第二十一条　禁止在具有火灾、爆炸危险的场所吸烟、使用明火。因施工等特殊情况需要使用明火作业的，应当按照规定事先办理审批手续，采取相应的消防安全措施；作业人员应当遵守消防安全规定。

进行电焊、气焊等具有火灾危险作业的人员和自动消防系统的操作人员，必须持证上岗，并遵守消防安全操作规程。

第二十二条　生产、储存、装卸易燃易爆危险品的工厂、仓库和专用车站、码头的设置，应当符合消防技术标准。易燃易爆气体和液体的充装站、供应站、调压站，应当设置在符合消防安全要求的位置，并符合防火防爆要求。

已经设置的生产、储存、装卸易燃易爆危险品的工厂、仓库和专用车站、码头，易燃易爆气体和液体的充装站、供应站、调压站，不再符合前款规定的，地方人民政府应当组织、协调有关部门、单位限期解决，消除安全隐患。

第二十三条 生产、储存、运输、销售、使用、销毁易燃易爆危险品，必须执行消防技术标准和管理规定。

进入生产、储存易燃易爆危险品的场所，必须执行消防安全规定。禁止非法携带易燃易爆危险品进入公共场所或者乘坐公共交通工具。

储存可燃物资仓库的管理，必须执行消防技术标准和管理规定。

第二十四条 消防产品必须符合国家标准；没有国家标准的，必须符合行业标准。禁止生产、销售或者使用不合格的消防产品以及国家明令淘汰的消防产品。

依法实行强制性产品认证的消防产品，由具有法定资质的认证机构按照国家标准、行业标准的强制性要求认证合格后，方可生产、销售、使用。实行强制性产品认证的消防产品目录，由国务院产品质量监督部门会同国务院应急管理部门制定并公布。

新研制的尚未制定国家标准、行业标准的消防产品，应当按照国务院产品质量监督部门会同国务院应急管理部门规定的办法，经技术鉴定符合消防安全要求的，方可生产、销售、使用。

依照本条规定经强制性产品认证合格或者技术鉴定合格的消防产品，国务院应急管理部门应当予以公布。

第二十五条 产品质量监督部门、工商行政管理部门、消防救援机构应当按照各自职责加强对消防产品质量的监督检查。

第二十六条 建筑构件、建筑材料和室内装修、装饰材料的防火性能必须符合国家标准；没有国家标准的，必须符合行业标准。

人员密集场所室内装修、装饰，应当按照消防技术标准的要求，使用不燃、难燃材料。

第二十七条 电器产品、燃气用具的产品标准，应当符合消防安全的要求。

电器产品、燃气用具的安装、使用及其线路、管路的设计、敷设、维护保养、检测，必须符合消防技术标准和管理规定。

第二十八条 任何单位、个人不得损坏、挪用或者擅自拆除、停用消防设施、器材，不得埋压、圈占、遮挡消火栓或者占用防火间距，不得占用、堵塞、封闭疏散通道、安全出口、消防车通道。人员密集场所的门窗不得设置影响逃生和灭火救援的障碍物。

第二十九条 负责公共消防设施维护管理的单位，应当保持消防供水、消防通信、消防车通道等公共消防设施的完好有效。在修建道路以及停电、停水、截断通信线路时有可能影响消防队灭火救援的，有关单位必须事先通知当地消防救援机构。

第三十条 地方各级人民政府应当加强对农村消防工作的领导，采取措施加强公共消防设施建设，组织建立和督促落实消防安全责任制。

第三十一条 在农业收获季节、森林和草原防火期间、重大节假日期间以及火灾多发季节，地方各级人民政府应当组织开展有针对性的消防宣传教育，采取防火措施，进行消防安全检查。

第三十二条 乡镇人民政府、城市街道办事处应当指导、支持和帮助村民委员会、居民委员会开展群众性的消防工作。村民委员会、居民委员会应当确定消防安全管理人，组织制定防火安全公约，进行防火安全检查。

第三十三条　国家鼓励、引导公众聚集场所和生产、储存、运输、销售易燃易爆危险品的企业投保火灾公众责任保险；鼓励保险公司承保火灾公众责任保险。

第三十四条　消防产品质量认证、消防设施检测、消防安全监测等消防技术服务机构和执业人员，应当依法获得相应的资质、资格；依照法律、行政法规、国家标准、行业标准和执业准则，接受委托提供消防技术服务，并对服务质量负责。

第三章　消防组织

第三十五条　各级人民政府应当加强消防组织建设，根据经济社会发展的需要，建立多种形式的消防组织，加强消防技术人才培养，增强火灾预防、扑救和应急救援的能力。

第三十六条　县级以上地方人民政府应当按照国家规定建立国家综合性消防救援队、专职消防队，并按照国家标准配备消防装备，承担火灾扑救工作。

乡镇人民政府应当根据当地经济发展和消防工作的需要，建立专职消防队、志愿消防队，承担火灾扑救工作。

第三十七条　国家综合性消防救援队、专职消防队按照国家规定承担重大灾害事故和其他以抢救人员生命为主的应急救援工作。

第三十八条　国家综合性消防救援队、专职消防队应当充分发挥火灾扑救和应急救援专业力量的骨干作用；按照国家规定，组织实施专业技能训练，配备并维护保养装备器材，提高火灾扑救和应急救援的能力。

第三十九条　下列单位应当建立单位专职消防队，承担本单位的火灾扑救工作：

（一）大型核设施单位、大型发电厂、民用机场、主要港口；

（二）生产、储存易燃易爆危险品的大型企业；

（三）储备可燃的重要物资的大型仓库、基地；

（四）第一项、第二项、第三项规定以外的火灾危险性较大、距离国家综合性消防救援队较远的其他大型企业；

（五）距离国家综合性消防救援队较远、被列为全国重点文物保护单位的古建筑群的管理单位。

第四十条　专职消防队的建立，应当符合国家有关规定，并报当地消防救援机构验收。

专职消防队的队员依法享受社会保险和福利待遇。

第四十一条　机关、团体、企业、事业等单位以及村民委员会、居民委员会根据需要，建立志愿消防队等多种形式的消防组织，开展群众性自防自救工作。

第四十二条　消防救援机构应当对专职消防队、志愿消防队等消防组织进行业务指导；根据扑救火灾的需要，可以调动指挥专职消防队参加火灾扑救工作。

第四章　灭火救援

第四十三条　县级以上地方人民政府应当组织有关部门针对本

行政区域内的火灾特点制定应急预案，建立应急反应和处置机制，为火灾扑救和应急救援工作提供人员、装备等保障。

第四十四条 任何人发现火灾都应当立即报警。任何单位、个人都应当无偿为报警提供便利，不得阻拦报警。严禁谎报火警。

人员密集场所发生火灾，该场所的现场工作人员应当立即组织、引导在场人员疏散。

任何单位发生火灾，必须立即组织力量扑救。邻近单位应当给予支援。

消防队接到火警，必须立即赶赴火灾现场，救助遇险人员，排除险情，扑灭火灾。

第四十五条 消防救援机构统一组织和指挥火灾现场扑救，应当优先保障遇险人员的生命安全。

火灾现场总指挥根据扑救火灾的需要，有权决定下列事项：

（一）使用各种水源；

（二）截断电力、可燃气体和可燃液体的输送，限制用火用电；

（三）划定警戒区，实行局部交通管制；

（四）利用临近建筑物和有关设施；

（五）为了抢救人员和重要物资，防止火势蔓延，拆除或者破损毗邻火灾现场的建筑物、构筑物或者设施等；

（六）调动供水、供电、供气、通信、医疗救护、交通运输、环境保护等有关单位协助灭火救援。

根据扑救火灾的紧急需要，有关地方人民政府应当组织人员、调集所需物资支援灭火。

第四十六条　国家综合性消防救援队、专职消防队参加火灾以外的其他重大灾害事故的应急救援工作，由县级以上人民政府统一领导。

第四十七条　消防车、消防艇前往执行火灾扑救或者应急救援任务，在确保安全的前提下，不受行驶速度、行驶路线、行驶方向和指挥信号的限制，其他车辆、船舶以及行人应当让行，不得穿插超越；收费公路、桥梁免收车辆通行费。交通管理指挥人员应当保证消防车、消防艇迅速通行。

赶赴火灾现场或者应急救援现场的消防人员和调集的消防装备、物资，需要铁路、水路或者航空运输的，有关单位应当优先运输。

第四十八条　消防车、消防艇以及消防器材、装备和设施，不得用于与消防和应急救援工作无关的事项。

第四十九条　国家综合性消防救援队、专职消防队扑救火灾、应急救援，不得收取任何费用。

单位专职消防队、志愿消防队参加扑救外单位火灾所损耗的燃料、灭火剂和器材、装备等，由火灾发生地的人民政府给予补偿。

第五十条　对因参加扑救火灾或者应急救援受伤、致残或者死亡的人员，按照国家有关规定给予医疗、抚恤。

第五十一条　消防救援机构有权根据需要封闭火灾现场，负责调查火灾原因，统计火灾损失。

火灾扑灭后，发生火灾的单位和相关人员应当按照消防救援机构的要求保护现场，接受事故调查，如实提供与火灾有关的情况。

消防救援机构根据火灾现场勘验、调查情况和有关的检验、鉴定意见，及时制作火灾事故认定书，作为处理火灾事故的证据。

第五章　监督检查

第五十二条　地方各级人民政府应当落实消防工作责任制，对本级人民政府有关部门履行消防安全职责的情况进行监督检查。

县级以上地方人民政府有关部门应当根据本系统的特点，有针对性地开展消防安全检查，及时督促整改火灾隐患。

第五十三条　消防救援机构应当对机关、团体、企业、事业等单位遵守消防法律、法规的情况依法进行监督检查。公安派出所可以负责日常消防监督检查、开展消防宣传教育，具体办法由国务院公安部门规定。

消防救援机构、公安派出所的工作人员进行消防监督检查，应当出示证件。

第五十四条　消防救援机构在消防监督检查中发现火灾隐患的，应当通知有关单位或者个人立即采取措施消除隐患；不及时消除隐患可能严重威胁公共安全的，消防救援机构应当依照规定对危险部位或者场所采取临时查封措施。

第五十五条　消防救援机构在消防监督检查中发现城乡消防安全布局、公共消防设施不符合消防安全要求，或者发现本地区存在影响公共安全的重大火灾隐患的，应当由应急管理部门书面报告本级人民政府。

接到报告的人民政府应当及时核实情况，组织或者责成有关部门、单位采取措施，予以整改。

第五十六条　住房和城乡建设主管部门、消防救援机构及其工作人员应当按照法定的职权和程序进行消防设计审查、消防验收、备案抽查和消防安全检查，做到公正、严格、文明、高效。

住房和城乡建设主管部门、消防救援机构及其工作人员进行消防设计审查、消防验收、备案抽查和消防安全检查等，不得收取费用，不得利用职务谋取利益；不得利用职务为用户、建设单位指定或者变相指定消防产品的品牌、销售单位或者消防技术服务机构、消防设施施工单位。

第五十七条　住房和城乡建设主管部门、消防救援机构及其工作人员执行职务，应当自觉接受社会和公民的监督。

任何单位和个人都有权对住房和城乡建设主管部门、消防救援机构及其工作人员在执法中的违法行为进行检举、控告。收到检举、控告的机关，应当按照职责及时查处。

第六章　法律责任

第五十八条　违反本法规定，有下列行为之一的，由住房和城乡建设主管部门、消防救援机构按照各自职权责令停止施工、停止使用或者停产停业，并处三万元以上三十万元以下罚款：

（一）依法应当进行消防设计审查的建设工程，未经依法审查或者审查不合格，擅自施工的；

（二）依法应当进行消防验收的建设工程，未经消防验收或者消防验收不合格，擅自投入使用的；

（三）本法第十三条规定的其他建设工程验收后经依法抽查不

合格，不停止使用的；

（四）公众聚集场所未经消防安全检查或者经检查不符合消防安全要求，擅自投入使用、营业的。

建设单位未依照本法规定在验收后报住房和城乡建设主管部门备案的，由住房和城乡建设主管部门责令改正，处五千元以下罚款。

第五十九条 违反本法规定，有下列行为之一的，由住房和城乡建设主管部门责令改正或者停止施工，并处一万元以上十万元以下罚款：

（一）建设单位要求建筑设计单位或者建筑施工企业降低消防技术标准设计、施工的；

（二）建筑设计单位不按照消防技术标准强制性要求进行消防设计的；

（三）建筑施工企业不按照消防设计文件和消防技术标准施工，降低消防施工质量的；

（四）工程监理单位与建设单位或者建筑施工企业串通，弄虚作假，降低消防施工质量的。

第六十条 单位违反本法规定，有下列行为之一的，责令改正，处五千元以上五万元以下罚款：

（一）消防设施、器材或者消防安全标志的配置、设置不符合国家标准、行业标准，或者未保持完好有效的；

（二）损坏、挪用或者擅自拆除、停用消防设施、器材的；

（三）占用、堵塞、封闭疏散通道、安全出口或者有其他妨碍安全疏散行为的；

（四）埋压、圈占、遮挡消火栓或者占用防火间距的；

（五）占用、堵塞、封闭消防车通道，妨碍消防车通行的；

（六）人员密集场所在门窗上设置影响逃生和灭火救援的障碍物的；

（七）对火灾隐患经消防救援机构通知后不及时采取措施消除的。

个人有前款第二项、第三项、第四项、第五项行为之一的，处警告或者五百元以下罚款。

有本条第一款第三项、第四项、第五项、第六项行为，经责令改正拒不改正的，强制执行，所需费用由违法行为人承担。

第六十一条　生产、储存、经营易燃易爆危险品的场所与居住场所设置在同一建筑物内，或者未与居住场所保持安全距离的，责令停产停业，并处五千元以上五万元以下罚款。

生产、储存、经营其他物品的场所与居住场所设置在同一建筑物内，不符合消防技术标准的，依照前款规定处罚。

第六十二条　有下列行为之一的，依照《中华人民共和国治安管理处罚法》的规定处罚：

（一）违反有关消防技术标准和管理规定生产、储存、运输、销售、使用、销毁易燃易爆危险品的；

（二）非法携带易燃易爆危险品进入公共场所或者乘坐公共交通工具的；

（三）谎报火警的；

（四）阻碍消防车、消防艇执行任务的；

（五）阻碍消防救援机构的工作人员依法执行职务的。

第六十三条 违反本法规定，有下列行为之一的，处警告或者五百元以下罚款；情节严重的，处五日以下拘留：

（一）违反消防安全规定进入生产、储存易燃易爆危险品场所的；

（二）违反规定使用明火作业或者在具有火灾、爆炸危险的场所吸烟、使用明火的。

第六十四条 违反本法规定，有下列行为之一，尚不构成犯罪的，处十日以上十五日以下拘留，可以并处五百元以下罚款；情节较轻的，处警告或者五百元以下罚款：

（一）指使或者强令他人违反消防安全规定，冒险作业的；

（二）过失引起火灾的；

（三）在火灾发生后阻拦报警，或者负有报告职责的人员不及时报警的；

（四）扰乱火灾现场秩序，或者拒不执行火灾现场指挥员指挥，影响灭火救援的；

（五）故意破坏或者伪造火灾现场的；

（六）擅自拆封或者使用被消防救援机构查封的场所、部位的。

第六十五条 违反本法规定，生产、销售不合格的消防产品或者国家明令淘汰的消防产品的，由产品质量监督部门或者工商行政管理部门依照《中华人民共和国产品质量法》的规定从重处罚。

人员密集场所使用不合格的消防产品或者国家明令淘汰的消防产品的，责令限期改正；逾期不改正的，处五千元以上五万元以下罚款，并对其直接负责的主管人员和其他直接责任人员处五百元以上二千元以下罚款；情节严重的，责令停产停业。

消防救援机构对于本条第二款规定的情形，除依法对使用者予以处罚外，应当将发现不合格的消防产品和国家明令淘汰的消防产品的情况通报产品质量监督部门、工商行政管理部门。产品质量监督部门、工商行政管理部门应当对生产者、销售者依法及时查处。

第六十六条　电器产品、燃气用具的安装、使用及其线路、管路的设计、敷设、维护保养、检测不符合消防技术标准和管理规定的，责令限期改正；逾期不改正的，责令停止使用，可以并处一千元以上五千元以下罚款。

第六十七条　机关、团体、企业、事业等单位违反本法第十六条、第十七条、第十八条、第二十一条第二款规定的，责令限期改正；逾期不改正的，对其直接负责的主管人员和其他直接责任人员依法给予处分或者给予警告处罚。

第六十八条　人员密集场所发生火灾，该场所的现场工作人员不履行组织、引导在场人员疏散的义务，情节严重，尚不构成犯罪的，处五日以上十日以下拘留。

第六十九条　消防产品质量认证、消防设施检测等消防技术服务机构出具虚假文件的，责令改正，处五万元以上十万元以下罚款，并对直接负责的主管人员和其他直接责任人员处一万元以上五万元以下罚款；有违法所得的，并处没收违法所得；给他人造成损失的，依法承担赔偿责任；情节严重的，由原许可机关依法责令停止执业或者吊销相应资质、资格。

前款规定的机构出具失实文件，给他人造成损失的，依法承担赔偿责任；造成重大损失的，由原许可机关依法责令停止执业或者吊销相应资质、资格。

第七十条 本法规定的行政处罚，除应当由公安机关依照《中华人民共和国治安管理处罚法》的有关规定决定的外，由住房和城乡建设主管部门、消防救援机构按照各自职权决定。

被责令停止施工、停止使用、停产停业的，应当在整改后向作出决定的部门或者机构报告，经检查合格，方可恢复施工、使用、生产、经营。

当事人逾期不执行停产停业、停止使用、停止施工决定的，由作出决定的部门或者机构强制执行。

责令停产停业，对经济和社会生活影响较大的，由住房和城乡建设主管部门或者应急管理部门报请本级人民政府依法决定。

第七十一条 住房和城乡建设主管部门、消防救援机构的工作人员滥用职权、玩忽职守、徇私舞弊，有下列行为之一，尚不构成犯罪的，依法给予处分：

（一）对不符合消防安全要求的消防设计文件、建设工程、场所准予审查合格、消防验收合格、消防安全检查合格的；

（二）无故拖延消防设计审查、消防验收、消防安全检查，不在法定期限内履行职责的；

（三）发现火灾隐患不及时通知有关单位或者个人整改的；

（四）利用职务为用户、建设单位指定或者变相指定消防产品的品牌、销售单位或者消防技术服务机构、消防设施施工单位的；

（五）将消防车、消防艇以及消防器材、装备和设施用于与消防和应急救援无关的事项的；

（六）其他滥用职权、玩忽职守、徇私舞弊的行为。

产品质量监督、工商行政管理等其他有关行政主管部门的工作人员在消防工作中滥用职权、玩忽职守、徇私舞弊，尚不构成犯罪的，依法给予处分。

第七十二条　违反本法规定，构成犯罪的，依法追究刑事责任。

第七章　附　则

第七十三条　本法下列用语的含义：

（一）消防设施，是指火灾自动报警系统、自动灭火系统、消火栓系统、防烟排烟系统以及应急广播和应急照明、安全疏散设施等。

（二）消防产品，是指专门用于火灾预防、灭火救援和火灾防护、避难、逃生的产品。

（三）公众聚集场所，是指宾馆、饭店、商场、集贸市场、客运车站候车室、客运码头候船厅、民用机场航站楼、体育场馆、会堂以及公共娱乐场所等。

（四）人员密集场所，是指公众聚集场所，医院的门诊楼、病房楼，学校的教学楼、图书馆、食堂和集体宿舍，养老院、福利院，托儿所，幼儿园，公共图书馆的阅览室，公共展览馆、博物馆的展示厅，劳动密集型企业的生产加工车间和员工集体宿舍，旅游、宗教活动场所等。

第七十四条　本法自 2009 年 5 月 1 日起施行。

第二部分　消防基本知识

一、选择题

1. 下列选项中，不属于燃烧的发生和发展的必要条件的是（　　）。

　　A. 可燃物

　　B. 助燃物

　　C. 引火源

　　D. 热传导

【答案】D

【解析】燃烧过程发生和发展，必须具备三个必要条件，即可燃物、助燃物和引火源，通常称为燃烧三要素，当燃烧发生时，上述三个条件必须同时具备，如果有一个条件不具备，那么燃烧就不会发生。

2. 可燃物、助燃物和引火源是物质燃烧的三要素，在这三要素中，受人的主观能动性影响最大的是（　　）。

　　A. 可燃物

　　B. 助燃物

　　C. 引火源

　　D. 可燃物和助燃物

【答案】C

【解析】引火源与人们的生产、生活密切相关，也是人们最容易控制的要素，受人的主观能动性影响最大的是引火源。

3. 物质在无外界引火源条件下，由于其本身内部所发生的（　）变化而产生热量并积蓄，使温度不断上升，自然燃烧起来的现象称为自燃。

A. 物理、化学

B. 物理、生物

C. 化学、生物

D. 物理、化学、生物

【答案】D

【解析】可燃物质在没有外部火源的作用时，因受热或自身发热并蓄热所产生的燃烧，称为自燃，即物质在无外界引火源条件下，由于其本身内部所发生的生物、物理或化学变化而产生热量并积蓄，使温度不断上升而自然燃烧的现象。

4. 阴燃是（　）燃烧的一种形式。

A. 固体

B. 液体

C. 气体

D. 固体、液体、气体

【答案】A

【解析】可燃固体在空气不流通、加热温度较低、分解出的可燃挥发分较少或逸散较快、含水分较多等条件下，往往发生只冒烟而无火焰的燃烧现象，这就是熏烟燃烧，又称阴燃。

5. 明火是比较常见的引火源，以下不属于明火的是（　）。

A. 炉火

B. 摩擦发热

C. 焊接火

D. 摩擦打火

【答案】B

【解析】明火是指生产、生活中的炉火、烛火、焊接火、吸烟火、撞击、摩擦打火、机动车辆排气管火星、飞火等。

6. 家用燃气的燃烧形式属于（　）。

A. 预混燃烧

B. 扩散燃烧

C. 蒸发燃烧

D. 熏烟燃烧

【答案】B

【解析】扩散燃烧即可燃性气体和蒸气分子与气体氧化剂互相扩散，边混合边燃烧。

7. 燃烧产生的烟气，除有毒性外，还有一定的（　）。

A. 窒息性

B. 减光性

C. 弥漫性

D. 依赖性

【答案】B

【解析】除毒性之外，燃烧产生的烟气还具有一定的减光性，烟粒子对可见光是不透明的，烟气在火场上弥漫，会严重影响人们的视线，使人们难以辨别火势发展方向和寻找安全疏散路线。同时烟气中有些气体对人的眼睛有极大的刺激性，会降低能见度。

8. 下列选项中，（　　）不属于灭火的基本原理。

A. 冷却窒息

B. 隔离

C. 化学抑制

D. 关闭气源阀门

【答案】D

【解析】为防止火势失去控制，继续扩大燃烧而造成灾害，需要采取一定的方式将火扑灭，通常由冷却灭火、隔离灭火、窒息灭火和化学抑制灭火等方法，其根本原理是破坏燃烧条件。

9. 室内火灾时，轰燃标志室内火灾由初期增长阶段转变为（　　）。

A. 中期增长阶段

B. 充分发展阶段

C. 火灾下降阶段

D. 火灾衰减阶段

【答案】B

【解析】火灾发展主要有初期增长阶段、充分发展阶段和衰减阶段。通常，轰燃的发生标志着室内火灾进入全面发展阶段。

10. 预防火灾发生的基本方法应从限制燃烧的三个基本条件入手，其中用水泥代替木材建造房屋的方法属于（　　）。

A. 控制可燃物

B. 隔绝助燃物

C. 控制引火源

D. 提高耐火等级

【答案】 A

【解析】 在条件允许的情况下，控制可燃物的做法通常是以难燃、不燃材料代替可燃材料，如用水泥替代木材建造房屋。

11. 预防火灾发生的基本方法应从限制燃烧的三个基本条件入手，其中将磷存于水中的方法属于 （   ）。

A. 控制可燃物

B. 隔绝助燃物

C. 控制引火源

D. 冷却降温

【答案】 B

【解析】 对于一些易燃物品，可采取隔绝空气的方法来储存，如钠存于煤油中、磷存于水中、二硫化碳用水封存放等。在有的生产、施工环节，可以通过在设备容器中充装惰性介质保护的方式来隔绝助燃物，如水入电石式乙炔发生器在加料后，用惰性介质氮气吹扫，燃料容器在检修焊补（动火）前，用惰性介质置换等。

12. 下列不属于建筑火灾原因的是 （   ）。

A. 吸烟

B. 地震

C. 电气火灾

D. 燃放烟花爆竹

【答案】 B

【解析】 建筑起火的原因归纳起来主要有电气火灾、生产作业火灾，以及生活用火不慎、吸烟、玩火、防火和自燃、雷击、静电等其他原因引起的火灾。

13. 建筑火灾的特点不包括（　　）。

A. 时间上的突发性

B. 空间上的广泛性

C. 成因上的复杂性

D. 灾害上的纯自然性

【答案】 D

【解析】 建筑火灾具有空间上的广泛性、时间上的突发性、成因上的复杂性、防治上的局限性等特点。

14. 下列属于建筑主动防火措施的是（　　）。

A. 建筑防火分区分隔

B. 建筑安全疏散设施

C. 建筑耐火等级

D. 防烟排烟措施

【答案】 D

【解析】 建筑主动防火措施主要包括火灾自动报警系统、自动灭火系统、防烟排烟系统等。

15. 下列属于建筑被动防火措施的是（　　）。

A. 火灾自动报警系统

B. 自动灭火系统

C. 防烟排烟系统

D. 建筑防火间距

【答案】D

【解析】 建筑被动防火措施主要包括建筑防火间距、建筑耐火等级、建筑防火构造、建筑防火分区分隔、建筑安全疏散设施等。

16. 消防给水系统维护管理人员，应掌握和熟悉消防给水系统的（　　）、性能和操作规程。

A. 灭火机理

B. 工作原理

C. 运行规律

D. 设计原理

【答案】B

【解析】 系统维护管理人员应掌握和熟悉消防给水系统的原理、性能和操作规程。这里的原理应该是消防给水系统的工作原理而不是设计原理。

17. 消防档案的内容主要包括两个方面，即消防安全基本情况和（　　）。

A. 消防安全制度

B. 消防安全检查情况

C. 消防安全管理情况

D. 消防设施

【答案】 C

【解析】 消防档案的内容主要包括两个方面，即消防安全基本情况和消防安全管理情况。

18. 消防安全管理制度是单位在消防安全管理和生产经营活动中为保障消防安全所制定的各项制度、程序、办法和措施，单位消防安全管理制度中最根本的制度是（　　）。

A. 安全教育、巡查制度

B. 应急疏散预案演练制度

C. 消防安全责任制

D. 防火检查、巡查制度

【答案】 C

【解析】 消防安全责任制是单位消防安全管理制度中最根本的制度。

19.《中华人民共和国消防法》中确定了"政府统一领导、部门依法监督、单位全面负责、公民积极参与"的消防工作原则。政府、部门、单位、个人这四者都是消防工作的主体，其中（　　）是社会的基本单元。

A. 政府

B. 单位

C. 部门

D. 个人

【答案】 B

【解析】 单位是社会的基本单元，也是社会消防安全管理的基本单元。

20. 从消防安全管理的空间范围上看，消防安全管理活动具有（　　）的特征。

A. 全天候

B. 全方位性

C. 强制性

D. 全过程性

【答案】B

【解析】从消防安全管理的空间范围上看，消防安全管理活动具有全方位的特征，日常生产、生活中，可燃物、助燃物和着火源无处不在，凡是具备形成燃烧条件的场所，都有可能发生火灾事故，都是消防安全管理需要涉及的场所。

21. 从消防安全管理的手段上分析，消防安全管理活动具有（　　）的特征。

A. 全天候

B. 全方位性

C. 强制性

D. 全过程性

【答案】C

【解析】从消防安全管理的手段上分析，消防安全管理活动具有强制性的特征。因为火灾的破坏性很大，所以必须严格管理；如果疏于管理，任何疏忽大意都可能引发火灾，造成危害后果，甚至造成群死群伤的严重后果。

22. 单位的法定代表人或主要负责人要对本单位的消防安全全面负责，这在消防安全管理的原则中属于（　　）。

 A. 科学管理的原则

 B. 依法管理的原则

 C. 依靠群众的原则

 D. 谁主管谁负责的原则

【答案】 D

【解析】 "谁主管、谁负责"即一个地区、一个系统、一个单位的消防安全工作要由本地区、本系统、本单位负责，单位的法定代表人或主要负责人要对本单位的消防安全管理全面负责，是单位的消防安全责任人。

23. 消防安全管理活动同其他管理活动相比有几大特征，下列不属于消防安全管理特性的是（　　）。

 A. 自然性

 B. 全天候性

 C. 全员性

 D. 强制性

【答案】 A

【解析】 消防安全管理活动同其他管理活动相比，具有全方位性、全天候性、全过程性、全员性和强制性。

24. 将化工生产车间、油漆、烘烤、熬炼、木工、电焊气割操作间等作为消防安全重点部位，是从（　　）方面确定的。

 A. 容易发生火灾的部位

B. 发生火灾后对消防安全有重大影响的部位

C. 性质重要、发生事故影响全局的部位

D. 人员集中的部位

【答案】 A

【解析】 消防安全重点部位是指容易发生火灾、一旦发生火灾可能严重危及人身和财产安全，以及对消防安全有重大影响的部位。将化工生产车间、油漆、烘烤、熬炼、木工、电焊气割操作间等作为消防安全重点部位，是从容易发生火灾的部位方面确定的。

25. 将托儿所、集体宿舍、医院病房等作为消防安全重点部位，是从（ ）方面确定的。

A. 容易发生火灾的部位

B. 发生火灾后对消防安全有重大影响的部位

C. 性质重要、发生事故影响全局的部位

D. 人员集中的部位

【答案】 D

【解析】 将托儿所、集体宿舍、医院病房等作为消防安全重点部位，是从人员集中的部位方面确定的。

26. 将消防控制室、消防水泵房等作为消防安全重点部位，是从（ ）方面确定的。

A. 容易发生火灾的部位

B. 发生火灾后对消防安全有重大影响的部位

C. 性质重要、发生事故影响全局的部位

D. 人员集中的部位

【答案】 B

【解析】 将消防控制室、消防水泵房等作为消防安全重点部位，是从发生火灾后对消防安全有重大影响的部位方面确定的。

27. 社会单位大多采取签订《消防安全责任书》的形式落实消防安全责任，下列有关签订《消防安全责任书》说法中不正确的是（　　）。

A. 具有敦促下一级消防安全责任主体切实履行消防安全责任的作用

B. 明确各级、各部门的消防安全责任人

C. 层层落实消防安全责任

D. 上级消防安全主体的责任可以通过签订责任书部分或者全部转换到下一级消防安全责任主体

【答案】 D

【解析】 签订《消防安全责任书》，只是上一级消防安全责任人实行消防安全管理的一种方法，而不是作为转移消防安全责任的手段。

28. 重点工程的施工现场符合消防安全重点单位界定标准的，由（　　）负责申报备案。

A. 建设单位

B. 施工单位

C. 建立单位

D. 设计单位

【答案】 B

【解析】 重点工程的施工现场符合消防安全重点单位界定标准的，由施工单位负责申报备案。

29. 消防重点部位必须设立"消防重点部位"指示牌、"禁止烟火"警告牌和消防安全管理牌等，以上措施属于（　　）。

A. 制度管理

B. 标识化管理

C. 教育管理

D. 档案管理

【答案】 B

【解析】 每个消防重点部位设立"消防重点部位"指示牌、"禁止烟火"警告牌和消防安全管理牌等属于标识化管理。

30. 某单位根据有关规定制定了消防应急疏散预案，在报警、接警处置程序中，下列说法错误的是（　　）。

A. 报警应说明着火单位、着火部位、有无人员被困及报警人姓名、电话等情况

B. 发现火灾后，应将火情报告给本单位值班领导和有关部门

C. 消防控制室值班员接到火灾报警信息后，应立即报告消防队和值班负责人

D. 单位领导接警后，应组织指挥初期火灾的扑救和人员的疏散工作

【答案】 C

【解析】 消防控制室值班人员接到火警信息后，立即通知有关

人员前往核实火情，火情核实确认后，立即报告消防队和值班负责人，通知灭火行动组人员前往着火层。

31. 某单位按照制定的消防应急预案，对初期火灾进行处置。下列程序或措施中，错误的是（ ）。

　　A. 发现火灾时，起火部位现场员工应当于 1 min 内形成第一战斗力量

　　B. 若火势扩大，单位应当于 5 min 内形成灭火第二战斗力量

　　C. 疏散引导组按分工组织引导现场人员进行疏散

　　D. 有关部位人员负责关闭空调系统和煤气总开关

【答案】 B

【解析】 若火势扩大，单位应当于 3 min 内形成灭火第二战斗力量。

32. 消防应急预案演练可以按照组织形式、演练内容、演练目的与作用等不同方法进行划分。下列演练中属于按组织形式划分的是（ ）。

　　A. 单项演练

　　B. 示范性演练

　　C. 研究性演练

　　D. 实战演练

【答案】 D

【解析】 按照组织形式划分，应急预案演练可分为桌面演练和实战演练；按演练内容划分，应急预案演练可分为单项演练和综合演练；按演练目的与作用划分，应急预案演练可分为检验

性演练、示范性演练和研究性演练。

33. 单位在开展应急预案演练之前应做好的四项准备工作中不包括
（   ）。

A. 制定演练计划

B. 应急预案演练保障

C. 演练动员与培训

D. 演练评估与总结

【答案】 D

【解析】 单位在开展应急预案演练之前应做好的四项准备工作
中包括制定演练计划、设计演练方案、演练动员与培训、应急
预案演练保障。

34. 某单位根据有关规定制定了消防应急疏散预案，将疏散引导工
作分为四大块，下列工作内容中不属于疏散引导工作内容的是
（   ）。

A. 拨打 119 电话

B. 根据火场情况划定安全区

C. 明确疏散引导责任人

D. 根据需求及时变更疏散路线

【答案】 A

【解析】 疏散引导工作主要包括划定安全区、明确责任人、及
时变更修正、突出重点。拨打 119 电话属于通讯联络组的工作
内容。

35. 动火作业是指施工现场进行明火、爆破、焊接、气割或采用酒

精炉、煤油炉、喷灯、砂轮、电钻等工具进行可能产生火焰、火花或赤热表面的临时性作业。为保证动火作业安全，下列施工现场动火作业不符合要求的是（　　）。

A. 施工现场动作作业前，应由动火作业人提出动火作业申请

B. 动火操作人员经过岗位理论和实践知识培训后，无须具备资格即可上岗作业

C. 严禁在裸露的可燃材料上直接进行动火作业

D. 焊接、切割、烘烤或加热等动火作业，应配备灭火器材

【答案】 B

【解析】 施工现场动火作业动火操作人员经过岗位理论和实践知识培训后，具有相应资格，并持证上岗作业。

36. 发现燃气泄漏，要速关阀门，打开门窗，不能（　　）。

A. 触动电器开关

B. 使用明火

C. 拨打电话

D. 以上全部

【答案】 D

【解析】 触发明火花会在合适浓度的燃气泄漏环境中点燃混合气体，导致爆炸。

37. 检查液化石油气管道或阀门泄漏的正确方法是（　　）。

A. 用鼻子嗅

B. 用火试

C. 用肥皂水涂抹

D. 用试剂试

【答案】C

【解析】用肥皂水检漏操作简单，且不需要专门的设备，也容易发现泄漏部位。

38. 防火门应（　　）开启。

A. 朝内

B. 朝外

C. 向疏散方向

D. 以上均可

【答案】C

【解析】根据《建筑设计防火规范》的规定，为利于疏散逃生，防火门应向疏散方向开启。

39. 下列（　　）火灾不能用水扑灭。

A. 棉布

B. 家具

C. 金属钾、钠

D. 木材、纸张

【答案】C

【解析】金属钾、钠与水反应能产生氢气，氢气能燃烧，不能用水灭火。

40. 下列粉尘在厂房中不会发生爆炸的是（　　）。

A. 生石灰

B. 面粉

C. 煤粉

D. 铝粉

【答案】 A

【解析】 生石灰为不可燃物质，所以不会发生爆炸。

41. 用灭火器灭火时，灭火器的喷射口应该对准火焰的 （ ）。

A. 上部

B. 中部

C. 根部

D. 以上选项都对

【答案】 C

【解析】 火焰分内焰和外焰。对着火苗的外焰喷射，这样会导致灭火器扑灭火灾的效率降低，对准根部就会从源头上扑灭火灾，大大缩短扑灭火灾的时间。

42. 可燃气体和液体的蒸气与空气混合，遇着火源能够发生爆炸的最低浓度叫做 （ ）。

A. 爆炸温度下限

B. 爆炸浓度下限

C. 爆炸浓度上限

D. 爆炸浓度极限

【答案】 B

【解析】 可燃蒸气、气体或粉尘与空气组成的混合物遇火源即能发生爆炸的最低浓度称为爆炸下限。

43. 使用干粉灭火剂破坏燃烧链式反应的灭火方法是 （ ）。

A. 冷却法

B. 隔离法

C. 抑制法

D. 窒息法

【答案】 C

【解析】 干粉灭火剂主要是通过抑制自由基的产生或降低火焰中的自由基浓度，使燃烧的链反应中断而灭火。

44. 木制桌椅燃烧时，不会出现的燃烧形式是（ ）。

A. 分解燃烧

B. 表面燃烧

C. 熏烟燃烧

D. 蒸发燃烧

【答案】 D

【解析】 蒸发燃烧是指熔点较低的可燃固体受热后熔融，然后像可燃液体一样蒸发成蒸气而燃烧。

45. 为了（ ），在储存和使用易燃液体的区域必须要有良好的通风。

A. 防止易燃气体积聚而发生爆炸和火灾

B. 冷却易燃液体

C. 保持易燃液体的质量

D. 防止发生窒息

【答案】 A

【解析】 良好的通风可以防止易燃气体积聚而发生爆炸和火灾。

46. 电脑着火了，应立即 （ ）。

    A. 迅速往电脑上泼水灭火

    B. 拔掉电源后用湿棉被盖住电脑

    C. 马上拨打火警电话，请消防队来灭火

    D. 以上均可

【答案】 B

【解析】 生活常识。电脑着火后，应采取的正确方法是：电脑开始冒烟或起火时，马上拔掉插头或关掉总开关，然后用湿毛毯或湿棉被等盖住电脑，这样不仅能阻止烟火蔓延，一旦发生爆炸，也可减轻爆炸后果的严重性。

47. 如果高层建筑发生了火灾，你认为正确的做法是 （ ）。

    A. 迅速往楼上跑，以防被烟熏致死

    B. 第一时间选择从电梯逃生

    C. 用湿毛巾捂住口鼻，低下身子沿墙壁或贴近地面跑出火区

    D. 从窗口中跳下

【答案】 C

【解析】 生活常识。高层建筑发生火灾时，应用湿毛巾捂住口鼻，低下身子沿墙壁或贴近地面跑出火区。不能乘坐电梯逃生。

48. 火灾初起阶段是扑救火灾 （ ） 的阶段。

    A. 最不利

    B. 最有利

    C. 较不利

    D. 较有利

【答案】 B

【解析】 火灾初起阶段是灭火的最有利时机，初起阶段的一般火灾，燃烧面积不大，火焰不高，热辐射不强，烟气流动缓慢，燃烧速度不快，是最有利于扑救的。

49. 下列哪一种气体属于易燃气体 （　　）。

　　A. 二氧化碳

　　B. 乙炔

　　C. 氧气

　　D. 氮气

【答案】 B

【解析】 生活常识。乙炔是易燃气体。二氧化碳是不可燃气体，但可作为助燃物。氧气也是助燃气体。氮气是不易性的隋性气体。

50. 水能扑救下列哪种火灾 （　　）。

　　A. 石油、汽油

　　B. 熔化的铁水、钢水

　　C. 高压电器设备

　　D. 木材、纸张

【答案】 D

【解析】 生活常识。油气、电气火灾不能用水扑灭。

二、判断题

1. 闪点越低的物质，火灾危险性越小。

　　【答案】　×

2. 可燃气体与空气形成混合物遇到明火就会爆炸。

　　【答案】　×

3. 引起受热自燃的热源来自可燃物外部。

　　【答案】　√

4. 电气开关时的打火、电焊产生的火花都是着火源。

　　【答案】　√

5. 按燃烧性，汽油属于易燃液体。

　　【答案】　√

6. 多次爆炸是粉尘爆炸的最大特点。

　　【答案】　√

7. 装卸和搬运易燃易爆化学物品时，要轻拿轻放，不准拖、拉、
　　抛、滚。

　　【答案】　√

8. 燃烧产物是指由燃烧或热解作用产生的部分物质，包括燃烧生成
　　的气体、能量、可见烟等。

　　【答案】　√

9. 易燃液体、遇湿易燃物品、易燃固体均不得与氧化剂混合储存。

　　【答案】　√

10. 有爆炸危险的厂房或厂房内有爆炸危险的部位应设置泄压设施。

【答案】 √

11. 火场检查的作用是消除余火和阴燃，防止复燃。

【答案】 √

12. 用水冷却灭火，是扑救火灾的必用方法。

【答案】 ×

13. 泡沫灭火器可以扑灭电器火灾。

【答案】 ×

14. B 类火灾指液体火灾。如汽油、煤油等火灾。

【答案】 √

15. 用水可以扑救带电的火灾。

【答案】 ×

16. 带电的电气设备以及发电机、电动机等发生火灾时应使用干粉灭火器或二氧化碳灭火器。

【答案】 √

17. 两个不同位置的焊点可用同一张动火证。

【答案】 ×

18. 禁止在具有火灾、爆炸危险的场所使用明火，因特殊情况需要使用明火作业的，应按照规定事先办好相关审批手续。

【答案】 √

19. 电气火灾最基本原因是短路、过载、接触电阻过大。

【答案】 √

20. 火灾爆炸场所不应采用移动式电气设备，当不可避免时，必须符合防火、防爆要求。

【答案】　√

21. 灯具的开关、插座和照明器具靠近可燃物时，应采取隔热、散热等保护措施。

【答案】　√

22. 易燃易爆工厂、仓库内一律为禁火区。各禁火区应设有禁火标志。

【答案】　√

23. 每个易燃易爆化学物品库房应当在库房内单独安装开关箱。

【答案】　×

24. 单位应当按照有关规定定期对灭火器进行维护保养和维修检查。

【答案】　√

25. 任何人发现火灾都应当立即报警。任何单位、个人都应当无偿为报警提供便利，不得阻拦报警。严禁谎报火警。

【答案】　√

26. 对于可能散发相对密度小于空气的可燃气体的场所，可燃气体探测器应设置在该场所室内空间的下部。

【答案】　×

27. 常闭防火门开启后应该自动闭合。

【答案】　√

28. 防火门应为向疏散方向开启的平开门，并在关闭后应能从任何一侧手动开启。

【答案】 √

29. 个人可以挪用消防器材，遮挡消火栓或占用疏散通道。

【答案】 ×

30. 灭火器箱要上锁，其箱门开启后不应阻挡人员安全疏散。

【答案】 ×

31. 灭火器的摆放应稳固，其铭牌应朝内。

【答案】 ×

32. 干粉灭火器压力表指针应在绿色区域范围内。

【答案】 √

33. 用灭火器灭火，最佳位置是上风或侧风位置。

【答案】 √

34. 二氧化碳灭火器使用不当，可能会冻伤手指。

【答案】 √

35. 火灾逃跑时，遇到浓烟应尽快直立行走。

【答案】 ×

36. 起火时可以往身上浇水，以防引火上身。

【答案】 √

37. 烟气传播的方向是火灾蔓延的方向。

【答案】 √

38. 大火封门无路可逃时，可用浸湿的被褥、衣物堵塞门缝，向门上泼水降温，以延缓火势蔓延时间，呼救待援。

【答案】 √

39. 报警人拨打火灾报警电话后，应该到门口或街上等候消防车到来。

   【答案】 √

40. 去陌生场所要留意安全出口的位置以及逃生路线，以便发生意外时及时逃生。

   【答案】 √

41. 防火墙上不应开设门、窗、洞口，确需开设时，应设置不可开启或火灾时能自动关闭的甲级防火门、窗。

   【答案】 √

42. 灭火器应当设置在明显且便于人们取用的地点，不应设置在超出其使用温度范围、潮湿或腐蚀性的地点，并不影响安全疏散。

   【答案】 √

43. 单位内部楼道的防火门应保持常开状态，便于通行。

   【答案】 ×

44. 室外消火栓在平日正常状态可用于生产取水。

   【答案】 ×

45. 安全出口、疏散通道和楼梯口应当设置符合标准的灯光疏散指示标志。

   【答案】 √

46. 安全出口处不得设置门槛、台阶，三层及以下建筑疏散门可以用卷帘门替代。

   【答案】 ×

47. 建筑高度大于 100 m 的住宅建筑，应设置火灾自动报警系统。

【答案】 √

48. 装卸易燃易爆化学物品时，作业人员不能穿带铁钉的鞋进入作业现场。

【答案】 √

49. 单位扑救初起火灾过程中，应加强个人安全防护。在火势无法控制或可能危及灭火救援人员自身安全时，无关人员应立即撤离至安全区域。

【答案】 √

50. 119 电话是免费的，所以在应急演练的时候可以拨打。

【答案】 ×

51. 火场上扑救原则是先人后物，先重点后一般，先控制后消灭。

【答案】 √

52. 发生火灾后，为尽快恢复生产，减少损失，受灾单位或个人不必经任何部门同意即可清理或变动火灾现场。

【答案】 ×

53. 消防电梯从首层到顶层的运行时间不应超过 60 s，消防电梯不应逐层停靠。

【答案】 ×

54. 严禁堵塞消防通道及随意挪用或损坏消防设施。

【答案】 √

55. 消防车道的净宽度和净空高度均不应小于 4 m。

【答案】 √

56. 消防器材、装备设施不得用于与消防和抢险救援工作无关的事项。

 【答案】 √

57. 消防用电线路应有明显标志，并保证可靠应急供电。

 【答案】 √

58. 设有气体灭火系统的场所，应配置合规有效的空气呼吸器。

 【答案】 √

59. 某高级宾馆为减少消防经费，将损坏的自动喷淋灭火系统拆除，购置大量灭火器确保安全。

 【答案】 ×

三、简答题

1. 请简述常用的灭火方法。

 【答案】 冷却灭火、窒息灭火、隔离灭火、化学抑制灭火。

2. 导致火灾发生的主要原因有哪些？

 【答案】 火灾原因主要有电气故障、用火不慎、违章操作、玩火、吸烟、放火、雷击等。

3. 按照物质燃烧特性划分，火灾分成几类？

 【答案】 按照物质燃烧特性划分，火灾分为 A、B、C、D、E、F 六类。

4. 什么是 A 类火灾？

 【答案】 A 类火灾是指固体物质火灾。如木材、棉、毛、纸张等火灾。

5. 什么是 B 类火灾？

【答案】 B 类火灾是指液体火灾和可熔化的固体物质火灾。如汽油、煤油、沥青、石蜡等火灾。

6. 什么是 C 类火灾？

【答案】 C 类火灾是指气体火灾。如煤气、甲烷等火灾。

7. 什么是 D 类火灾？

【答案】 D 类火灾是指金属火灾。如钾、钠、镁、铝镁合金等火灾。

8. 什么是 E 类火灾？

【答案】 E 类火灾是指带电物体和精密仪器等物质的火灾。

9. 什么是 F 类火灾？

【答案】 F 类火灾是指烹饪器具内的烹饪物（如动植物油脂）火灾。

10. 请简述燃烧的三个必要条件。

【答案】 可燃物、助燃物、着火源。

11. 请简述热传播的途径。

【答案】 热传导、热对流、热辐射。

12. 请简述火灾引起伤亡的主要因素。

【答案】 高温、毒气、烟尘、缺氧。

13. 请至少列举三项防火巡查内容。

【答案】 防火巡查内容如下：

（1）用火、用电有无违章情况；

（2）安全出口、疏散通道是否畅通，安全疏散指示标志、应急照明是否完好；

（3）消防设施、器材是否保持正常工作状态，消防安全标志是否完整；

（4）常闭式防火门是否处于关闭状态，防火卷帘下是否堆放物品影响使用；

（5）消防设施管理人员在岗情况；

（6）其他消防安全情况。

14. 粉尘爆炸的条件有哪些？

【**答案**】粉尘爆炸的条件如下：

（1）粉尘本身具有可燃性或爆炸性；

（2）粉尘必须悬浮在空气中并与空气或氧气混合达到爆炸极限；

（3）有足以引起粉尘爆炸的热能源，即点火源；

（4）粉尘具有一定的扩散性；

（5）粉尘存在的空间必须是一个受限空间。

15. 请简述动火作业的主要安全防护要求。

【**答案**】动火作业的主要安全防护要求如下：

（1）实施动火作业必须办理动火作业许可证；

（2）动火作业必须有人监火；

（3）动火作业前必须对现场进行检查；

（4）清除动火地点易燃易爆品或采取有效方法隔离；

（5）5级风（含）以上天气，禁止露天动火作业。

16. 拨打"119"报火警时，应讲清哪些事项？

【答案】拨打"119"报火警时应讲清：

(1) 起火单位、所在地（村镇）名称和所处区县、街巷、门牌号码；

(2) 什么物品着火、火势大小如何、有无爆炸物品和危险化学品、是否有人员被围困；

(3) 报警人的姓名、单位及使用的电话号码。

17. 如何使用室内消火栓？

【答案】室内消火栓的正确使用方法为：

(1) 打开消火栓箱门；

(2) 延伸水带；

(3) 将水带一端与消火栓接口连接，另一端与水枪连接；

(4) 转开止水阀；

(5) 双手握紧水带及水枪头，对准火点射水。

18. 为了自身安全，进入陌生场所应该先了解什么？

【答案】避难逃生方向，安全门、梯位置及是否关闭上锁，消火栓、灭火器具体位置。

19. 发生火灾时应注意哪些事项？

【答案】保持冷静，判断火势来源，往反方向逃生，切勿使用升降设备逃生，切勿因整理个人贵重物品影响逃生。

20. 火灾时如果被困在室内，如何自救？

【答案】至易获救的位置等待救援，设法通知外面的人具体受困位置，并设法树立明显标志，防止烟雾在室内蔓延。

21. 安全疏散设施主要包括哪些？

【答案】 安全出口、疏散楼梯和楼梯间、疏散走道、消防电梯、应急照明灯、疏散指示标志、消防广播及辅助救生设施。

22. 灭火和应急疏散预案应当多久演练一次？

【答案】 消防安全重点单位应当按照灭火和应急疏散预案，至少每半年进行一次演练，并结合实际，不断完善预案。其他单位至少每年组织一次演练。

23. 为什么不能把消防器材挪作它用？

【答案】 因为消防器材是专用器材，是用来扑救火灾的。火灾什么时候发生，人们无法预先知道，所以要随时做好准备。

24. 请简述应急预案包括的主要内容。

【答案】 应急预案的主要内容包括组织指挥体系与职责、预防和预警机制、处置程序、应急保障措施、恢复与重建措施等。

25. 请简述应急预案编制的基本要求。

【答案】 应急预案要有针对性、科学性、可操作性、完整性、可读性、合法合规、相互衔接。

第三部分　看图识隐患

一、疏散指示标识

1. 未设安全出口指示标识

2. 安全出口标识使用错误

3. 疏散指示标识间距大于 10 m

4. 有源疏散指示标识未通电

整改建议：

疏散指示标识的设置要按照《消防安全标准化评分细则》（Q/QJB 333—2019）中第 2.7.3 条的规定：

建筑内相关部位按要求设置灯光疏散标志。

在敞开楼梯间、封闭楼梯间、防烟楼梯间、防烟楼梯间前室入口的上方，在室外疏散楼梯出口的上方，在直通室外疏散门的上方，应设置出口标志灯。

在有维护结构的疏散走道、楼梯两侧应设置方向标志灯。方向标志灯应设置在距地面、梯面高度 1 m 以下的墙面、柱面上；当安全出口或疏散门在疏散走道侧边时，应在疏散走道上方增设指向安全出口或疏散门的方向标志灯。方向标志灯的标志面与疏散方向垂直时，灯具的设置间距不应大于 20 m；方向标志灯的标志面与疏散方向平行时，灯具的设置间距不应大于 10 m。

整改结果：

安装安全出口标识灯

更换正确的指示标识灯

增装疏散指示标识灯

维修更换

二、安全疏散设施

1. 疏散通道堵塞

2. 安全出口上锁

整改建议：

安全疏散设施的设置要按照《消防安全标准化评分细则》（Q/QJB 333—2019）中第 2.10.2 条的规定：

安全疏散通道、疏散楼梯间及前室等，无堆积杂物、堵塞等影响疏散的情况。安全出口无封闭、上锁等影响逃生的情况。

整改结果：

清理堆积物　　　　　　　　去除门锁

三、灭火器

1. 灭火器未按规定周期
进行维修检测

2. 一个计算单元内配置
的灭火器数量少于 2 具

3. 灭火器压力指示器指针
不在绿色区域

4. 设置在潮湿易腐蚀性场所
的灭火器未采取保护措施

整改建议：

灭火器的配备要按照《消防安全标准化评分细则》（Q/QJB 333—2019）中第 2.8 条的规定：

应定期对灭火器的配置及外观进行检查，并留有检查记录。灭火器应每年至少进行一次维修检测，并在报废期限内。灭火器应设置在位置明显和便于取用的地点，且不得影响疏散。一个计算单元内配置的灭火器数量不得少于 2 具。特殊配置场所保护措施应完好、有效。

整改结果:

按规定进行检测

配齐灭火器

按规定进行充装

设置在托架上

四、消火栓

1. 消火栓管网压力显示不正常

2. 消火栓管网压力不够

3. 消火栓栓口位置设置不合理

4. 消火栓箱内未配备消防水带

整改建议：

消火栓的设置要按照《消防安全标准化评分细则》（Q/QJB 333—2019）中第 2.3.6 条和第 2.3.7 条的规定：

消火栓箱及箱内装配的部件应齐全、外观完好、功能正常。

金属消火栓箱门不应上锁。消火栓栓口出水方向宜向下或与设置消火栓的墙面成 90°角，栓口不应安装在门轴侧。

最不利点处的静水压力应符合 GB 50974 要求：

（1）一类高层建筑，不应低于 0.10 MPa；

（2）二类高层公共建筑、多层公共建筑，不应低于 0.07 MPa；

（3）工业建筑不应低于 0.10 MPa，当建筑体积小于 20000 m³ 时，不宜小于 0.07 MPa。

当设置增稳压设施时，均不应低于 0.15 MPa。

整改结果：

维修压力表

消防栓管道增压

维修消火栓箱门

按要求配备水带

五、火灾自动报警系统

1. 控制模块放置在配电箱内

2. 操作标识与实际不符

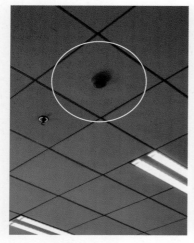

3. 火灾探测器保护罩未摘除　　4. 火灾探测器距离出风口
　　　　　　　　　　　　　　　　　　不足 1.5 m

整改建议：

　　火灾自动报警系统相关组件的设置要按照《消防安全标准化评分细则》（Q/QJB 333—2019）中第 2.2 条的规定：

　　设置点型火灾探测器的探测区域，每个房间应至少设置一只火灾探测器。

　　点型探测器至墙壁、梁边的水平距离，不应小于 0.5 m；点型探测器周围 0.5 m 内，不应有遮挡物；点型探测器至空调送风口边的水平距离不应小于 1.5 m，并宜接近回风口安装；探测器至多孔送风顶棚孔口的水平距离不应小于 0.5 m。

　　所有火灾探测器外观应完好、无破损、无故障等；模拟火灾时能正常发出火灾报警信号；其他类型的火灾探测器应符合 GB 50116

的要求。

　　报警系统的模块严禁设置在配电（控制）柜（箱）内。

整改结果：

设专用模块箱

使用正确标识

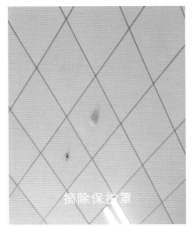
摘除保护罩

调整距离

六、自动喷水灭火系统

1. 湿式报警阀供水侧与系统
   侧的压力表压差过大

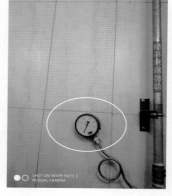

2. 末端试水装置压力为零，
   不符合规范要求

3. 控制阀未设分区指示标识

4. 消防水泵房内湿式报警阀组
   开关未设常开/常闭指示牌

整改建议：

自动喷水灭火系统相关组件的设置要按照《消防安全标准化评分细则》（Q/QJB 333—2019）中第 2.4 条的规定：

报警阀组应部件齐全、外观完好、功能正常。压力表应显示正常，湿式报警阀组供水侧压力表和系统侧压力表读数应基本一致；所有部件应无渗漏、锈蚀、故障等现象。

报警阀组应有注明系统名称、保护区域的标识牌。

末端试水装置和试水阀应外观完好、部件齐全、功能正常，且有明显标识。

整改结果：

七、气体灭火系统

1. 气瓶未固定且未进行编号

2. 气瓶保险销未拔，系统
未处于正常伺应状态

3.气瓶压力表处于红色指示区　　4.气体灭火保护区控制盘
未设在室外，无"放气勿入"
声光报警

整改建议：

气体灭火系统相关组件的设置要按照《消防安全标准化评分细
则》（Q/QJB 333—2019）中第 2.5 条的规定：

气体灭火系统应处于伺应状态。储存装置上应设耐久的固定铭
牌，并应标明每个容器的编号、溶剂、皮重、灭火剂名称、充装
量、充装日期和充装压力等。

气体灭火系统的防护区入口处应设火灾声光报警器和灭火剂喷
放指示灯以及相应灭火系统的永久性标志牌，且外观完好，功能
正常。

整改结果:

气瓶编号

拔出保险销

维修气瓶

增设控制盘声光报警